Hoe maakt u van uw tuin of balkon een vogelparadijs en waarom?
© First published by Kosmos Uitgevers, The Netherlands in 2020.

5 4 3 2 1   26 25 24 23 22

ISBN 978-3-649-64057-8
© 2022 Coppenrath Verlag GmbH & Co. KG,
Hafenweg 30, 48155 Münster, Germany
Illustrationen: © 2022 Marjolein Bastin
Text: © 2022 Nico de Haan, Vogelkijkcentrum Nederland
Mit Dank an Mischa Bastin
Nach einer Idee von: Els de Haan-Pinkster
Übersetzung: Dorothea Raspe © Landwirtschaftsverlag GmbH, 48165 Münster
Übersetzung der Zitate von Marjolein Bastin
auf S. 5, 10, 40, 72, 132, 142: Christa van Deelen M. A.
Grafische Gestaltung: Stefanie Bartsch
Redaktion: Christina Bloem

Alle Rechte vorbehalten

Printed in Slovakia

www.coppenrath.de

Marjolein Bastin
Nico de Haan

MEIN KLEINES PARADIES
für Vögel

COPPENRATH

Hallo, meine Lieben,

nur eine halbe Stunde draußen und ich sehe Aurorafalter zwischen dem Wiesen-Schaumkraut herumfliegen, Hummeln und Bienen in dem kleinen Gundermann-Feld und eine prächtig blühende Wegerich-Pflanze. Ich nehme eine Prise des typischen Duftes von dem blühenden Bergginster auf, dort fliegen Bläulinge und Perlmuttfalter. Am Wasserrand entlang schwimmen Hunderte von Kaulquappen von den Grasfröschen und Kröten. Die Seefrösche quaken, Schlanklibellen paaren sich über dem Wasser. Und inmitten der Sumpflilien sammelt eine Singdrossel einen Schnabel voll Schlamm für die runde Aushöhlung ihres Nestes, das sie tief in einer Tanne gebaut hat. Die Sumpfdotterblumen glänzen wie fette Butter in der Sonne. Unter dem Lungenkraut sind zwei Weinbergschnecken in einer innigen Umarmung miteinander verflochten. Ich höre einen Vogel, den ich nicht zuordnen kann (dann gibt es ihn nicht, sagt mein Mann Gaston), und ich pflücke einige Stängel intensiv duftender Maiglöckchen. Eine halbe Stunde lang sich dem Riechen, Fühlen, Schauen und Zuhören hingeben.
Wenn ich wieder ins Haus gehe, bin ich ein anderer Mensch. Stärker. Glücklicher. Da draußen liegt unser größter Reichtum. Und grün ist er auch noch!

Marjolein Bastin

INHALT

VOGELPARADIES: WIE UND WARUM?	9
Vier Gründe, um aus Ihrem Garten ein Vogelparadies zu machen	12
So frei wie ein Vogel oder vogelfrei?	14
Ihr Garten … ein Vogelparadies!	19
Wer wohnt wo und warum	22
Planen Sie einen Urwald	28
Sträucher: absolut notwendig!	33
WOHNRAUM IM ANGEBOT	39
Machen Sie aus Ihrem Haus einen „Vogelfelsen"	42
Helfen Sie den Besetzern beim Einzug	48
Künstliche Nester und gut zugeschnittene Modelle	50
Vom Appartement bis zum Palast	52
Unbewohnbar – aber warum?	56
Wo und wann den Nistkasten aufhängen?	59
Weshalb misslungen?	61
Dritter Stock hinten	63
Sauber machen, ja oder nein?	65
Im Winter im leeren Nistkasten schlafen	67
FRESSEN UND TRINKEN	71
Das Sitzbad	74
Sicher im Bad	75
Vögel erfrieren nicht	76
Am Strand	78
Den Strand harken	79
Die Schönheitsfarm	81
Garten mit kaltem, fließendem Wasser	83
Vogelrestaurant – das ganze Jahr geöffnet	84
Füttern: was und wie?	85

Warum Winterfütterung?	87
Futter für Kegelschnäbel und Knospenbeißer	89
Futter für Ahlenschnäbel und Vögelchen	93
Purzler und Akrobaten	96
Zimmerleute aus Park und Wald	100
Wintergäste und Daheimgebliebene	103
Wir teilen alles fair	104
Strauchdiebe	107

BÄUME UND STRÄUCHER   115

Wer gehört zu wem?	118
Distel	118
Hagebutte, Eberesche, Feuerdorn und Holunder	118
Weißdorn, Stechpalme und Eibe	119
Efeu, Brombeere und Geißblatt	120
Gemeiner Schneeball und Spätblühende Traubenkirsche	120
Echte Traubenkirsche und Hasel	121
Obstbäume und Felsenbirne	123
Erle und Birke	123
Stiel-Eiche	125
Buche	125
Zusammenfassung: Wer gehört zu wem?	127

GENIESSEN UND FESTHALTEN   131

Vögel schauen ums Haus	134
Erst inszenieren, dann fotografieren	138

WISSENSWERTES   141

Finger weg von meinem Goldfisch!	144
Erdbeer-, Beeren- und Pflaumendiebe	147
Spieglein, Spieglein an der Wand ...	150
Pflegeeltern sind unerwünscht	152
Warum singen Vögel?	154
Lassen Sie Ihr Wasser nicht ins Meer fließen!	158

SOMMER IM GARTEN ...

Es gibt Momente,
in denen ich mich nicht
nach dem Paradies sehne,
denn ich bin schon drin!

Marjolein Bastin

VIER GRÜNDE, UM AUS IHREM GARTEN EIN VOGELPARADIES ZU MACHEN

1. Ein grüner Garten ist gut für Ihre Gesundheit

Sträucher und Pflanzen reduzieren den Staub in Ihrer unmittelbaren Umgebung, was gut für Ihre Gesundheit ist. Die Forschung hat gezeigt, dass sich Menschen in einer grünen Umgebung viel besser fühlen als in einem gemauerten Hinterhof. Sie beruhigt quirlige Kinder und reduziert den Stress der Erwachsenen nach einem anstrengenden Arbeitstag. In einer natürlichen Umgebung haben Kinder außerdem ein abwechslungsreicheres Spielverhalten.
Kurzum, ein grüner, gut gestalteter Garten sorgt für ein längeres, glücklicheres Leben.

2. Wenn wir zusammenarbeiten, bleiben unsere Füsse trocken!

Aufgrund des Klimawandels werden wir zunehmend mit starken Regenfällen konfrontiert. Es ist unmöglich und viel zu teuer, unser Abwassersystem an diese riesigen Wasserhosen anzupassen, bei denen das Wasser manchmal sogar in unsere Häuser fließt. Gemeinsam können wir dem entgegenwirken, indem wir unsere Gärten begrünen, damit wir das Wasser länger zurückhalten können oder es schneller im Boden versickern kann. Legen Sie also so viel wie möglich versiegelte Fläche frei und lassen Sie der Natur ihren Lauf! Alles darüber können Sie im Kapitel „Fressen und Trinken" nachlesen.

3. Gemeinsam helfen wir Stadt- und Gartenvögeln

Einer Reihe von Stadt- und Gartenvögeln geht es schlecht, weil immer mehr Gärten zu „Steinwüsten" werden. Vögel können in einer solchen Steinwüste weder Nahrung finden noch leben. Wenn Sie eine Vielzahl von Sträuchern und Pflanzen in Ihrem Garten pflanzen, werden sich alle Arten von Vögeln auf natürliche Weise um sie scharen. Viele Vögel, die in Naturschutzgebieten leben, können auch in unseren Gärten leben, wenn es genügend Nahrung und Deckung gibt. Sie helfen nicht nur den Vögeln, sondern können sich auch an ihren schönen Farben, ihrem faszinierenden Verhalten und ihrem herrlichen Vogelgesang erfreuen. Und das wiederum ist gut für Ihre Gesundheit und Ihr Glück!

4. Auch mehr Schmetterlinge und Bienen!

Wenn Sie ein Beet mit blühenden Pflanzen anlegen, werden Schmetterlinge von ihnen angezogen. Einige Schmetterlingsflieder wirken Wunder, und es gibt viele andere Pflanzen, die für das Überleben von Schmetterlingen wichtig sind. Es gibt sogar mehrere Schmetterlinge, die völlig abhängig sind von ... Brennnesseln! Sie müssen Ihren Garten nicht mit ihnen füllen, denn es gibt noch genug Brennnesseln, aber wenn es in einer Ecke ein paar Brennnesseln gibt, dann seien Sie nicht zu ordentlich! Viele Wildbienenarten sind ebenfalls im Rückgang begriffen und würden sich über Ihre Hilfe freuen.

SO FREI WIE EIN VOGEL ODER VOGELFREI?

Vögel? Die wohnen überall und haben keine Sorgen. Wer kennt nicht die Wendung: „so frei wie ein Vogel"? Da Vögel fliegen können, erwecken sie den Eindruck, überall leben und wohnen zu können. Scheinbar mühelos legen sie Tausende von Kilometern zurück. Neidisch blicken wir den Möwen nach, die, sogar ohne die Flügel zu bewegen, gegen den Sturm segeln. Im Frühling scheinen viele Vögel außerdem alle Zeit der Welt zu haben, um unbeschwert vor sich hin zu zwitschern. Es gibt Futter in Hülle und Fülle. Wer wollte da kein Vogel sein? Ich nicht, weil dich - bevor du dich umsiehst - der Sperber gepackt hat und von dir nicht mehr übrig bleibt als ein paar Knochen und Federn. Außerdem musst du an die Nachbarkatze denken, die sich, wenn du gerade ein wenig vor dich hin döst, auf dich stürzt und eine halbe Stunde mit dir rumspielt, bevor du die Augen für immer schließt. Oder du hast gerade einen guten Schlafplatz gefunden und der Gartenbesitzer beschließt, die Koniferenhecke abzuholzen. Wo sollst du dann schlafen, ohne dass dich der Waldkauz packt? Und dann haben wir noch nicht von den unzähligen Vogelfängern oder Jägern gesprochen, die dich während des Durchzugs mit den heimtückischen Netzen oder Leimruten fangen oder sogar erschießen wollen.

Der Besuch
von prächtigen Dompfaffen
ist ein unvergessliches Erlebnis.

WISSENSWERTES:
In Spanien sind Vögel wirklich vogelfrei. Dort werden jedes Jahr mindestens 20 Millionen Singvögel geschossen und gefangen.

„So frei wie ein Vogel?" Vogelfrei sollte man meinen. Glücklicherweise gibt es zunehmend mehr Vogelschützer als Jäger und immer mehr Gartenliebhaber, die nicht nur über den Ort nachdenken, wo sie ihre Stühle und den Grill hinstellen sollen, sondern die auch all die Vögel in ihrem Garten genießen und sich Mühe geben, ihn mit „Vogelaugen" zu betrachten. Für diese Menschen ist dieses Buch bestimmt. Das Schöne daran ist, dass man nicht nur den Vögeln, sondern auch sich selbst einen Dienst erweist. In einem raffinierten Vogelgarten wimmelt es nämlich das ganze Jahr von Vögeln: Meisen, Rotkehlchen, Amseln, aber auch der Buntspecht, Grünlinge und bunte Vögel wie Dompfaffe und Stieglitze lassen sich dort bewundern. Ohne große Mühe und unter Beibehaltung des Komforts kann man seinen Garten in ein wahres Vogelparadies verzaubern und wird - ganz nebenbei - zu einem wahren Vogelexperten.
Ich wünsche Ihnen viel Spaß an Ihrem Garten und den Vögeln darin!

Nico de Haan

In jedem Garten jagt ab und zu ein Sperber.

Speerdisteln anstelle von Tagetes und die bunten Stieglitze kommen zu Besuch.

In einer unordentlichen Ecke wimmelt es von Spinnen und Käfern, wovon die Gartenvögel nur profitieren.

Eine Stechpalme ist ein guter Sing- und Fluchtplatz für dieses Rotkehlchen, sie liefert Beeren für die Drosseln und ist ein Schmuckstück für Ihren Garten.

IHR GARTEN ... EIN VOGELPARADIES!

Stellen Sie sich einmal vor, in Ihrem Wohnzimmer stünde nur das absolut Notwendige! Einige Stühle, ein Tisch, eine Lampe und ein Schrank. Ein Bett dazu, und wir haben eine Einrichtung, die stark an ein Gefängnis erinnert: einen Ort, den wir in der Regel so schnell wie möglich verlassen. Manchmal besucht man Leute, die ihren Garten genauso eingerichtet haben. Von vorne bis hinten gepflastert, höchstens eine Reihe von Tagetes für die Farbe und in der Ecke eine kränkliche Tanne, übrig geblieben von Weihnachten vor vier Jahren. Kein Vogel, der daran denkt, hier zu wohnen. Hier gibt es weder etwas zu fressen noch zu trinken, und sollte einmal – und das geschieht häufiger, als man denkt – ein Sperber vorbeirasen, ist man rettungslos verloren. Selbst wenn man schnell genug startet, hat man keine Chance. So ein kränklicher Tannenbaum bietet keine ausreichende Deckung gegen einen grimmig jagenden Sperber. Der Nistkasten, den man zum Geburtstag bekommen hat, hängt in der prallen Mittagssonne, und das Einflugloch liegt so tief, dass man aus dem Nest nach draußen schauen kann. Ideal für Katzen, weil sie ihre Pfote nur ein paar Zentimeter in den Kasten stecken müssen, um an die vorzüglichen, zarten rosa Kohlmeisen zu kommen.

Nein, ein Garten, der in den Augen der Vögel ein Paradies ist, sieht ganz anders aus! In der einen Ecke stehen einige Stechpalmen und etwas weiter ein dichter Weißdorn. „Safety first" - und kein Sperber kann einen da herausholen. In der anderen Ecke glänzt ein Teich von nur einem Meter Durchmesser, aber Trinkwasser und Badegelegenheit sind in erreichbarer Nähe. Auf dem Rasen kann man gut Würmer fangen und am Schmetterlingsstrauch wimmelt es von Insekten. Um den Stamm einer Erle windet sich jedes Frühjahr aufs Neue ein dichtes Bündel von Hopfenranken nach oben. In der Erle hängen im Winter Erlenzeisige an den Zapfen. Ein Geißblatt und eine Brombeere kämpfen an der Schuppenmauer um den Vortritt und im Herbst stochern die Blaumeisen in den vertrockneten Früchten. Das Beet liegt etwas höher als der Rasen und am Übergang hängen die Kräuter wie kleine Trauerweiden nach unten. Jeden Tag scharren dort Heckenbraunelle und Zaunkönig, um übermütige Spinnen und schläfrige Mücken zu verputzen. Eine grüne Oase, aufgebaut aus einer Schicht Kräutern, Sträuchern und - wenn der Garten groß genug ist - Bäumen: für jeden Geschmack etwas. In stabilen Nistkästen an schattigen Orten und unerreichbar für Katzen meldet sich eine neue Generation Meisen und Baumläufer. Nahrung, Wasser und Deckung im Überfluss - ein wahres Vogelparadies.

WER WOHNT WO UND WARUM

Ist man in Berlin geboren und aufgewachsen, gewöhnt man sich in der Regel nur schwer an Bienenbüttel. Die lebhaften Stadtparks, die Straßenbahnen und die Geräusche sind Dinge, die ein waschechter Berliner in den Ohren hat. Umgekehrt fühlt sich der Bienenbütteler in der Hauptstadt vollkommen verloren und vermisst die Ruhe und die Weite der Lüneburger Heide. Ob es bei den Vögeln ebenso ist, weiß ich nicht genau, aber es ist sicher, dass es eine Zahl von „Stadtvogelarten" gibt, die auf dem Land nicht gedeihen. Mauersegler schwärmen durch unsere künstlichen Felsen und Klippen und realisieren nicht, dass diese unnatürlich sind und von uns Menschen bewohnt werden. Haussperlinge und Stare verstecken sich lieber unter den Dachziegeln, anstatt in gefährlichen Wäldern voller Raubvögel zu wohnen. Störche, aber auch Möwen fliegen uns buchstäblich wieder aufs Dach.
Sie haben gemerkt, dass diese sehr sicher sind. Außerdem können die meisten räuberischen Säugetiere den Menschengeruch nicht ausstehen und klettern nur mühsam auf unsere Dächer.

Asylbewerber
Sicherheit, der Schutz gegen Raubvögel, treibt viele Vögel in die Städte und Dörfer. Die Elster ist das deutlichste Beispiel für ein asylsuchendes Volk. In Randgebieten werden Elsternester häufig von Rabenkrähen geplündert, die nicht davor zurückschrecken, die jungen Elstern aus den tiefen Nestern zu zerren. Rabenkrähen fürchten sich viel mehr als Elstern vor Menschen und Letztere haben daher häufig die bewohnte Welt aufgesucht. Dass Elstern ihrerseits alle Singvögel fressen, ist Unsinn, aber ich verspreche Ihnen, darauf zurückzukommen.

Elstern wohnen gerne in der Nähe der Menschen, weil ihr Erzfeind, die Rabenkrähe, es nicht wagt, dorthin zu kommen.

WISSENSWERTES:
Elstern und Krähen sind Singvögel, die hauptsächlich Insekten fressen.

Wenn große Bäume mit Löchern in Ihrem Garten fehlen, können Nistkästen als alternative Wohnung dienen.

WISSENSWERTES:
Nistkästen aus Plastik und Pappe sind schlecht. Die Körperfeuchtigkeit der jungen Vögel kondensiert an der Wand und tropft nach unten, wodurch die Küken an Unterkühlung eingehen.

Natürlich muss es in der direkten Umgebung anständige Mahlzeiten geben. Was halten Sie von den Austernfischern, die heutzutage auf den sicheren Kiesdächern der Etagenhäuser und Industriekomplexe nisten? Sie gehen auf Wurmjagd auf den nahe gelegenen Fußballfeldern und in den Parks und sind zu allbekannten Stadtvögeln aufgestiegen. Allerlei Möwenarten pendeln von den Randgebieten, wo sie auf großen Seen schlafen, täglich für ihre Portion Pommes oder frischen Salat in die Stadt. Außerdem haben sie erfahren, dass die Stadtmenschen und Gartenbesitzer in der Regel viel netter zu ihnen sind als einige Landbewohner mit ihren Jagdgewehren. Sicherheit und Nahrung – darum dreht sich alles, und wir scheinen ausgezeichnet in der Lage zu sein, Dutzenden von Vögeln in unserer direkten Umgebung eine gastliche Unterkunft zu bieten. Schauen Sie sich Ihren Garten noch einmal kritisch aus einer Vogel- und Sicherheitsperspektive an, und wer weiß, welche Ideen dann sprudeln?

Dichte Koniferen in Ihrem Garten können Schwanzmeisen dazu verführen, bei Ihnen zu nisten.

Nur wenn es genügend Sträucher gibt, können Vögel in Ihrem Garten nisten.

Wenn Ihr Garten groß genug ist, pflanzen Sie Eichen, dann kommen die Eichelhäher von selbst.

PLANEN SIE EINEN URWALD

Echte unberührte vogelreiche Urwälder bestehen aus Schichten. Moos und Farne an feuchten, schattigen Stellen, Kräuter und Blumen an den offenen Stellen, darüber Sträucher und große Pflanzen, entlang der Baumstämme nach oben kletternde Lianen und hoch darüber das Dach der Baumkronen. Jetzt denken Sie wahrscheinlich, dass so ein Urwaldsystem für Ihren Garten von fünf mal acht Metern nicht passend ist, aber da irren Sie sich. Eine kräftige Erle in einer Ecke mit Hopfen und Geißblatt sorgt schon für eine Menge Besucher: Erlenzeisige, die im Winter die Zapfen leeren; Meisen, die im Sommer die Erlenblattkäfer (kleine schwarze Käfer) fangen; ein Amselpaar, das in den dichten Hopfenstängeln nistet; ein Starenpaar, das im hoch oben aufgehängten Nistkasten wohnt – und so könnte ich noch weiter fortfahren. Ein oder zwei Bäume – und natürlich müssen Sie fünf bis zehn Jahre Geduld haben, bevor sie sich zu echten Bäumen entwickelt haben – machen für die Vögel einen großen Unterschied. Die Erle, die Zapfen trägt und nicht allzu riesig wird, kann ich Ihnen wärmstens empfehlen. Für eine einheimische Eiche bräuchte man einen etwas größeren Garten, aber sie beherbergt schnell Tausende von Raupen und Käfern. Besser keine Rot-Eiche, die noch viel schneller wächst, mit ihren großen Blättern viel Licht nimmt und auch weniger Nahrung für Vögel bietet. Ich selbst mag auch eine schöne Birke. Der Stamm von Birken und Erlen wird gerne von Baumläufern inspiziert, manchmal sogar täglich. In der Strauchlage haben wir eine größere Auswahl: Wenn Sie Koniferen mögen, zögern Sie nicht. Sie müssen aus Ihrem Garten keine Kopie einer echten Naturlandschaft machen. Dichte Koniferen sind gute Schlafplätze. Sie sind oft auch schön stachelig und können daher von Katzen nicht gut erklommen werden. Bluthänflinge und Grünlinge sind wild darauf und beide sind ganz besondere Vögel, die man gerne im Garten hat.

Junge Waldkäuze haben etwas von Seehunden: Sie schauen einen so an!

Legen Sie dunkle „Urwaldecken" an und Sie bekommen Besuch vom Zaunkönig.

WISSENSWERTES:
Hopfe sind Vögel (Wiedehopf!), Hopfen ist eine Kletterpflanze, die im Herbst abstirbt, aber sich im Frühjahr in hohem Tempo leicht 15 Meter an einer Erle oder Birke hochschlängelt.

Haselnüsse locken Mäuse an und Mäuse ihrerseits Waldkäuze.

Pflaumen für die Amseln

Blättern Sie einmal durch einen Baum- und Strauchführer, und fragen Sie sich, was sie für Vögel zu bieten haben. Eine Hasel hat Nüsse für den großen Buntspecht, aber auch Nahrung für Mäuse, die wild auf Nüsse sind, die im Herbst auf dem Boden landen. Von den Mäusen werden wiederum Waldkäuze angelockt – und glauben Sie nicht, dass es die bei Ihnen nicht gibt. Waldkäuze wohnen manchmal mitten in den Städten und streunen nachts in der Umgebung der Parks herum – auf der Suche nach Mäusen und nachlässig schlafenden Amseln.

Die Amsel ist eine Drosselart und wild auf Vogelbeeren.

Durch regelmäßigen Beschnitt entsteht ein dichter, buschartiger Strauch, den diese Amsel sehr schätzt.

Eberesche, Prunus-Arten, Holunder, beerentragende Bäume in Hülle und Fülle, eventuell mit einer prächtigen Stechpalme dazwischen. Ich selbst hatte für die Vögel ein Pflaumenbäumchen in meinem vorigen Garten, das es als Strauch geschnitten ganz ordentlich tat. Die Knospen wurden von Dompfaffen gefressen und die paar Pflaumen von Staren und Amseln. Machen Sie keinen großen Aufstand, Sie sind kein Obstzüchter, der mit der Ernte zur Versteigerung muss. Kaufen Sie sich selbst ein paar Pfund Pflaumen auf dem Markt und für die paar Euro können Sie tagelang den Kapriolen zuschauen, die die Vögel vollführen, wenn sie die Ernte einbringen. Noch weiter am Boden können wir für ein reiches Insektenleben sorgen. Schmetterlingssträucher, Kuckucksblumen und Margeriten ziehen Insekten an. Vielleicht gerade genug, um einen Zilpzalp, Fitis oder Grauen Fliegenschnäpper dazu zu bringen, in Ihren Garten zu ziehen. Eine Pergola mit Trauben und einigen „hanging baskets" bietet ebenfalls eine herrliche geschützte Welt. Sie müssen natürlich nicht Ihren ganzen Rasen umgraben, um daraus ein Brennnesselfeld zu machen – das ist Unsinn. Ein Rasen ist bei Amseln und Singdrosseln, aber auch bei Haussperlingen und Staren sehr begehrt. Hinten in meinem Garten, in der Abfallecke, lasse ich einige Brennnesseln gewähren. Nicht nur als Deckung für die Vögel, sondern auch wegen der prächtigen Schmetterlinge, die sie anziehen. Mit etwas Wasser runden Sie Ihren Urwald ab. Eine Luxuswohnung, ausstaffiert und möbliert, evtl. mit kaltem oder sogar fließendem Wasser – es gibt Dutzende von Vogelarten, die da nicht widerstehen können.

Insekten, Käfer, Schmetterlinge: nicht nur schön anzusehen, sondern auch Nahrung für viele Vogelarten.

Pflanzen Sie Schmetterlingssträucher und Wasserdost und der Erfolg ist garantiert!

STRÄUCHER: ABSOLUT NOTWENDIG!

Ohne ein Dach über dem Kopf könnten wir in unserem Land schwerlich überleben, geschweige denn, dass wir fröhlich weiterleben und Kinder großziehen. Gartenvögel betrachten Sträucher als ihre Wohnung. Um der besseren Übersichtlichkeit willen zähle ich noch einmal die fünf wichtigsten Funktionen auf.

FLIEHEN UND VERSTECKEN

Raubvögel, Katzen, Rivalen – sie alle stehen plötzlich vor einem, und man weiß, man muss fliehen, um das nackte Leben zu retten. Ein schneller Start, ein Spurt in den Strauch, vor allem wenn er schön dicht ist, und man wird quasi unsichtbar. Er ist auch der ideale Ort, um die Umgebung zu erkunden. Zwischen den Zweigen hindurchspähen, vom Dunkel ins Licht, und sich erst danach vorsichtig blicken lassen. Ein Leben ohne Sträucher in der Umgebung ist ausgesprochen waghalsig und wird meist schnell – häufig sogar mit dem Tod – bestraft.

Das Finkennest hat durch das Moos an der Außenseite eine so gute Tarnfarbe, dass es nur selten von Eichelhähern, Dohlen oder Elstern bemerkt wird.

WISSENSWERTES:

Viele Gartenvögel wohnten ursprünglich nur in Naturlandschaften wie Laubwäldern.

ÜBERALL INSEKTEN

In den Sträuchern ist häufig das ganze Jahr hindurch etwas Leckeres zu finden: winzige Spinnen, Raupen, schlafende Nachtfalter, Blattläuse, Beeren, Fliegen – ein rund um die Uhr geöffnetes Fast-Food-Restaurant. Wenn Sie daran zweifeln, dann schütteln Sie an einem Sommertag einmal einen Schmetterlingsstrauch, und noch Stunden später krabbeln Käfer und Mücken in Ihrem Nacken. Tausende – für uns oft unsichtbare – Tierchen sind eine wichtige Nahrungsquelle. Das Erfreuliche für die Vögel daran ist, dass alle die Insekten, Raupen und Beeren nicht gleichzeitig zur Verfügung stehen, sondern sich abwechseln und aufeinander folgen, sodass es fast immer etwas zu fressen gibt.

EIN KORB, UM DIE EIER ZU HÜTEN

Um sich als Vogel fortpflanzen zu können, braucht man einen geschützten, dunklen Ort, um für einige Wochen die Eier hüten zu können. Ein Nest, meist ein geflochtenes Körbchen aus Zweigen, Gras und manchmal auch Schlamm, kann in dichten Koniferen, Dornensträuchern oder Stechpalmen gut versteckt werden. Wenn man einen nahrungsreichen Garten gefunden hat, ist es erfreulich, wenn man so nah wie möglich bei der Nahrung sein Nest bauen kann und nicht allzu viel Energie auf die Nahrungssuche verschwenden muss. Je dichter, dunkler und stachliger die Sträucher sind, desto sicherer. Eine dichte Weißdornhecke ist eine Nistmöglichkeit für Dutzende von Vögeln.

WISSENSWERTES:

Waldkäuze wohnen auch in Stadtparks und jagen nachts in Ihrem Garten.

Ein unentbehrliches Podium

Es gibt nur wenige Vogelarten, die gerne vom Boden aus singen. Schließlich soll jeder hören, dass man genau diesen Garten als Wohngebiet beansprucht. Wenn wir uns ebenso verhielten, stünden jeden Morgen alle Männer auf dem Dachfirst, würden Fahnen schwenken und singen. Wiesenvögel lassen ihren Ruf schon im Flug hören und die Feldlerche hängt minutenlang wie ein Faden an den Wolken und triliert. Die meisten Gartenvögel tun das nicht, sie wollen an der Spitze einer Konifere, Erle oder Eberesche sitzen und ihr Lied zu Gehör bringen. Bäume und Sträucher sind für ihre Auftritte ein unentbehrliches Podium.

Augen und Schnäbel zu

Enten, Rohrsänger, Kiebitze – es gibt viele Vogelarten, die wir zu den echten Nachtschwärmern rechnen können und die in hellen Mondnächten fröhlich durchjohlen. Gartenvögel nicht. Amseln, Spatzen und Meisen suchen abends einen dunklen Ort auf. Je dunkler, desto besser, man weiß ja nie, ob ein Waldkauz oder eine Katze vorbeikommt. Koniferen, Nistkästen oder eine Stelle unter den Dachziegeln sind geeignet und geschützt. Der Schutz ist vor allem in kalten Winternächten wichtig, wenn der Energieverlust auf ein Minimum beschränkt werden muss. Verstecken, fressen, nisten, singen und schlafen: Daraus wird nichts ohne eine – aus Vogelperspektive – zweckmäßige Auswahl an Sträuchern in Ihrem Garten.

Das Gartenrotschwanzmännchen kann nicht nur hübsch singen, sondern sieht auch sehr schön aus.

WISSENSWERTES:

Ein stachliger Weißdorn bietet Gartenvögeln optimale Sicherheit.

—

Eine Amsel baut drei bis vier Nester pro Brutsaison, von denen mindestens die Hälfte missglückt.

Die Gartengrasmücke ist ein echter Liebhaber dichter Sträucher.

Vor allem für junge Vögel wie diese Fitisse ist es wichtig, gut versteckt abzuwarten, bis die Eltern wieder Futter bringen. Wer nicht aufpasst ... wird aufgefressen!

So eine dichte, stachlige Hundsrose ist gut zum Verstecken; außerdem wimmelt es von Fliegen, sodass der junge Fitis sehr gut wächst.

WOHNRAUM
im Angebot

Schönheit kann groß, großartig und überwältigend sein, aber auch etwas ganz Kleines kann eine tiefe Emotion hervorrufen. Das Rotkehlchen weiß natürlich nichts davon, es wünscht sich ganz einfach nur eine leckere dicke Spinne. Oder notfalls auch etwas Universalfutter von mir …

Marjolein Bastin

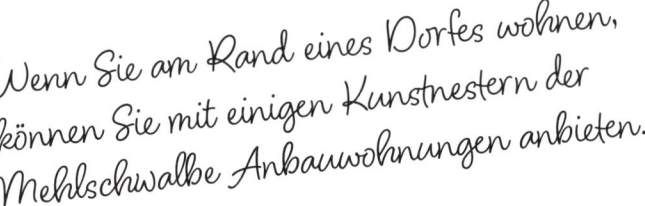

WISSENSWERTES:
Mauersegler fliegen „non stop" und schlafen nachts in der Luft.

Wenn Sie am Rand eines Dorfes wohnen, können Sie mit einigen Kunstnestern der Mehlschwalbe Anbauwohnungen anbieten.

MACHEN SIE AUS IHREM HAUS EINEN „VOGELFELSEN"

Vögel haben eine ganz andere Sicht auf die Welt als wir. Sie sind sich nicht dessen bewusst, dass wir in den meist rechteckigen Steinblöcken wohnen. Für die Vögel sind es einfach Felsgruppen, die ebenso wie in den südlicheren Gegenden Europas plötzlich in der Landschaft auftauchen. Nur scheinen die Felsen in den vergangenen Jahrzehnten immer glatter und unzugänglicher zu werden. Perfekt schließende Schnelldeckpfannen, ein versiegelter Dachvorsprung ohne Öffnungen oder Ecken, wo man als Vogel schön wohnen könnte. Darum gebe ich Ihnen Tipps, die Ihr Haus in einen echten „Vogelfelsen" verwandeln, ohne Ihr Wohnvergnügen zu schmälern.

Vögel auf dem Dach

Die alten Dachziegel hielten Wind und Regen draußen und boten Haussperlingen und Mauerseglern genügend Möglichkeiten zum Verstecken und Nisten. Bei den neuen Schnelldeckpfannen haben sie keine Chance, aber das Schöne ist, dass es spezielle Nistdachziegel gibt, mit denen man seine eigene Kolonie gründen kann. Sie sind etwas runder in der Form und haben ein Einflugloch an der Unterseite.

Zu diesen speziellen Dachziegeln wird ein hölzerner Kasten mitgeliefert, der auf die Dachschalung gesetzt wird und jährlich gesäubert werden kann. Bei einer Dachschräge von weniger als 45 Grad werden die Mauersegler ein Haus weiter ziehen, aber Haussperlinge rümpfen deswegen den Schnabel nicht. Ist Ihr Dach ungeeignet, können Sie unter der Regenrinne eine Reihe von „Kubus"-Wohnungen anbringen. Rechteckige Niststeine mit verschiedenen Einfluglöchern, etwa zehn Stück pro Meter, hoch an der Fassade befestigt, machen aus Ihrem Haus schon einen attraktiven Vogelfelsen. Wenn einige halb offene Niststeine dazwischen hängen, kann auch ein Hausrotschwanz oder ein Grauer Fliegenschnäpper bei Ihnen einziehen. Spannende Vögel, die den ganzen Sommer ihr Bestes geben, um die Mücken und Fliegen zu fangen, die sonst lästig um Ihren Kopf summen.

Bauen Sie Ihren eigenen Mini-Vogelfelsen

Es ist glücklicherweise nicht so, dass es im Vogelland eine Bauaufsicht gibt, die Vogelwohnungen einer Standardnorm entsprechend für tauglich oder untauglich erklärt. Sie können also in Ruhe mit Draht und Zement experimentieren, um zu einer kreativen Vogelwohnung zu kommen, die Sie anschließend nach Ihrem Geschmack anstreichen können. Wenn die Höhle nur groß und tief genug ist und gesäubert werden kann. Nur mit dem Durchmesser des Einfluglochs kann man nicht schummeln. Man will als Haussperling schließlich keinen Star - oder schlimmer eine Dohle - zu Besuch bekommen. Die Größe des Eingangs sondert diesen Besuch aus und darauf wird penibel geachtet. Auf Seite 52 finden Sie eine Liste mit „Haustürmaßen".

Ein Mauerseglernest macht nicht viel her. Das Material kann allerdings nur im Flug gesammelt werden, daher ist die Auswahl beschränkt.

Mit speziellen Dachziegeln und Nistkästen können Sie Ihre eigene Mauerseglerkolonie gründen.

Mehlschwalben brüten gerne in Kolonien

Längst nicht alle Häuser sind geeignet, um Mehlschwalben ein Dach über dem Kopf anzubieten. Ein stark überhängender, heller Dachrand, eine freie Einflugschneise, ein Schlammplatz, um den Mörtel für das Nest zu besorgen, sind die wichtigsten Bedingungen. Außerdem mögen sie Wasserstellen in der Nähe, wo man gut Mücken fangen kann. Echte Stadtbewohner sind sie sicherlich nicht, sie lieben eher das Land und die meisten Kolonien findet man am Rand der Bebauung. Wenn Sie einige der kugelförmigen Kunstnester aufhängen, kann es sein, dass sie dort einziehen oder daneben selbst ein Nest mauern. An einer schlammigen Stelle sammeln sie den Mörtel, und eventuell kann man der Natur nachhelfen, indem man solch eine Schlammstelle einrichtet. Eine eingegrabene Plastiktüte mit etwas lehmiger Erde und ein paar Eimer Wasser reichen schon aus. Wenn die Kunstwohnungen akzeptiert werden, bringen Sie dann einen halben Meter tiefer ein breites Brett horizontal an der Mauer an, dann müssen Sie die Fenster darunter nicht so oft putzen.

Die Zahl der Mehlschwalben ging in den vergangenen Jahren stark zurück – sie benötigen unsere Hilfe.

WISSENSWERTES:

Mehlschwalben mauern morgens an ihrem Nest und lassen nachmittags den Mörtel trocknen.

BAUEN SIE IHR EIGENES HOCHHAUS

Wollen Sie sich nicht auf die kleinen Vögel beschränken, dann können Sie auch Unterkunft für größere Vögel schaffen. Dohlen versuchen oft selbst auf alle möglichen Arten, Ihren Schornstein zu besetzen, und können in kürzester Zeit Schubkarren voller Zweige anschleppen, in der Hoffnung, dass in der gewünschten Höhe ein Nest entsteht. Bei einem offenen Kaminfeuer ist das Ihrer Sicherheit nicht zuträglich. Aber wenn Sie Ihren Schornstein gut mit einem Drahtgeflecht absichern, dann gibt es keinen Grund, an diesem Schornstein nicht einen geeigneten Nistkasten aufzuhängen. Oder sogar mehrere Nistkästen, da Dohlen in Kolonien lebende Vögel sind, die gerne dicht beieinander wohnen. Wenn Sie am Ortsrand wohnen, auf dem Dachfirst noch einen ordentlichen Waldkauzkasten anbringen und an der Rückseite des Hauses vielleicht eine „Ulenflucht" für die Schleiereule haben, dann werden Sie sich keinen Moment mehr allein fühlen. Einer meiner Freunde hatte ein „Hochhaus" aus sieben Nistkästen für Dohlen gebaut. Alle waren bewohnt und in der Mitte hauste sogar ein Waldkauz. Betrachten Sie Ihren „Wohnfelsen" noch einmal mit Vogelaugen, um zu sehen, wo Nistkästen, Niststeine oder Löcher angebracht werden können, sodass Sie wieder öfter Besuch von Vögeln bekommen.

Durch die Schnelldeckpfannen, die das Dach hermetisch abriegeln, hat der Haussperling viel an Boden verloren.

WISSENSWERTES:

Manchmal ist der Kampf um Nisthöhlen so heftig, dass Dohlen tagsüber so viele Zweige auf den brütenden Waldkauz werfen, dass dieser nachts das Nest nicht mehr verlassen kann und jämmerlich umkommt.

WISSENSWERTES:

Da ihr Schuppen im Winter abgebrochen war, besetzte eine Rauchschwalbe das Wohnzimmer des direkt daneben gelegenen Bauernhofs und baute ihr Nest über der Pendeluhr.

Aus einem Seilbündel macht ein Zaunkönigspaar eine Wohnung.

HELFEN SIE DEN BESETZERN BEIM EINZUG

Wenn Sie die Schuppentür häufig offen stehen lassen und in einer dunklen Ecke eine Regenjacke oder eine alte Hose an einem Nagel hängt, kann diese von einem einfallsreichen Zaunkönig „besetzt" werden. Amseln, Rotkehlchen, Kohl- oder Blaumeisen schrecken nicht davor zurück, sich Zugang zu Ihrem Schuppen oder Haus zu verschaffen, wenn sie die Chance bekommen. Es gibt dafür herrliche Beispiele, und das Amselpaar, das sich herausfordernd auf den Lehrbüchern in einer Schulklasse niederließ, ist eins der nettesten. Aber ... Sie können die Sache natürlich auch umkehren und zusätzliche „Lüftungslöcher" in Ihrem Schuppen anbringen. Oder einen Nistkasten aufhängen, dessen Vorderseite durch die Außenwand gebildet wird. Eine runde Öffnung etwas größer als ein Zwei-Euro-Stück, einige Bretter dahinter – lassen Sie die Besetzer nur kommen! Wenn Sie die Rückwand dieses Nistkastens aus Glas bauen, mit einer Tür dahinter, die sich öffnet und schließt, können Sie selbst Vogelbeobachtungen durchführen. Ein dunkler Schuppen ist dann wichtig, denn so können Sie die Vögel gut sehen, diese Sie aber nicht. Ein quadratischer Kasten, etwa 10 Zentimeter tief und breit, ist für Amseln und Rotkehlchen schon eine praktische Grundlage, um ein Nest zu bauen. In einem halb offenen Carport oder Kaminholzlager aufgehängt, bietet er den so geschätzten Schutz.

Mit grobem Maschendraht darum bietet er Amseln freien Zugang, Katzen aber werden abgehalten. Sie können Ihrer Fantasie ruhig freien Lauf lassen und mit verschiedenen Arten von Nistkästen und künstlichen Nestern experimentieren. Hängen Sie einmal an solch einem geschützten Ort eine große Kugel aus derbem Strohseil auf mit einem durch ein Drahtgeflecht ausgesparten Innenraum in der Größe einer kräftigen Männerfaust. Kein Zaunkönig, der so einem Nistplatz widerstehen kann, und wenn es klappt, bekommen Sie täglich ein keckes Konzert!

Vor allem das Rotkehlchen ist ein Hausbesetzer und viele Rotkehlchenkinder werden mit einem richtigen Dach über dem Kopf geboren.

KÜNSTLICHE NESTER UND GUT ZUGESCHNITTENE MODELLE

Schauen Sie sich Ihren Garten einmal mit kritischem Amselblick an. Wo würden Sie, wenn Sie eine Amsel wären, Ihr Nest bauen? Die Koniferen stehen vielleicht viel zu dicht an der Regenrinne, sodass die Katzen die Jungen bald spielend aus dem Nest angeln können. In der Eberesche gibt es eine prächtige Astgabel, die fast nach einem Amselnest verlangt, aber die direkte Umgebung ist so kahl, dass dies bald ein Selbstbedienungsrestaurant für Elstern und Dohlen wird. Es gibt zwar eine ruhige, dunkle Ecke im Garten, aber dort stehen nur gerade, glatte Baumstämme, wo man kein Nest befestigen kann. Sichere Nistplätze sind in vielen Gärten schwer zu finden, aber das kann man ändern. Eine flache Schale, einige Dezimeter groß, aus einigen Lagen feinem Maschendraht, einige Meter über dem Boden in einem dichten Rhododendron oder Weißdorn festgemacht – und manch eine Amsel oder sogar eine Ringeltaube baut hier ihr Nest. Etwas grober Maschendraht darunter gegen die Katzen und die Chance, dass Ihre Pflegekinder ausfliegen, nimmt stark zu. Ihr künstliches Nest kann auch ein etwas größeres Flechtwerk aus Weidenruten in der Form eines umgedrehten Wigwams sein oder ein paar aneinander festgebundene dicke Zweige, die eine Plattform bilden, oder ein flacher halber Holznistkasten, wenn das Fundament nur stabil genug ist.

Der Nistkasten ist erst Anfang des 20. Jahrhunderts „erfunden" worden. Davor brüteten die Höhlenbrüter, wie diese Kleiber, nur in natürlichen Nisthöhlen.

Eine Amsel in einem Entenkorb

Ein Entenkorb oben in einem Strauch in meinem Garten bot schon zweimal erfolgreich Amseln eine Bleibe. Den Eingang hatte ich mit grobem Maschendraht abgeschirmt, sodass die Nachbarkatze chancenlos war. Das Schöne ist, dass wenn ein Amselpaar den Entenkorb einmal entdeckt hat, die Generationen, die dort geboren sind, ihn auch gerne wieder als Nistplatz wählen. Neben der Anbringung von allerlei künstlichen Nistkästen ist auch die Hippe (ein Gartenmesser mit sichelförmiger Klinge) ein sehr hilfreiches Instrument. Indem man die Sträucher nicht gerade, sondern schräg nach oben laufend beschneidet, entstehen schräg nach oben gerichtete Zweige, in die man gut Nester einflechten kann. Wenn man einen Trieb genau über zwei oder drei Knospen abschneidet, entstehen Zweiggabelungen, die ebenfalls eine gute Tragfläche bilden. Indem man zielgerichtet schneidet, können immer mehr dieser Gabelungen entstehen, und vor allem die dicht belaubten Sträucher sind so anziehende Nistplätze. Schließlich können Sie noch dazu übergehen, ein Bündel grüner Koniferen - Schneidelholz oder Eibenzweige - erst mit den Spitzen zusammengebündelt an einen Baumstamm zu binden. Dann biegen Sie die Zweige nach oben und binden das andere Ende ebenfalls an dem Baum fest, wodurch eine einladende Nisthöhle entsteht. Die Botschaft lautet: Probieren und experimentieren Sie, aber behalten Sie die Sicherheit des Nistplatzes im Auge.

Zaunkönige und Kleiber bauen nicht nur ein Nest, um ihre Jungen darin großzuziehen. Sie benutzen die Nisthöhlen auch, um in kalten Winternächten darin zu schlafen, um so Energie zu sparen.

VOM APPARTEMENT BIS ZUM PALAST

Auf dieser Seite finden Sie die empfohlenen Maße für die gängigsten Nistkästen. Beim Bodenmaß kommt es nicht auf einen Zentimeter geschweige denn Millimeter an, solange Sie sich exakt an die Maße des Einflugslochs halten.

Geschlossene Nistkästen	Bodenmaß	Höhe Einflugloch über dem Boden	Durchmesser Einflugloch
Kohlmeise	15 x 12 cm	18 cm	32 mm
Blaumeise	15 x 12 cm	18 cm	28 mm
Star	15 x 12 cm	30 cm	52 mm
Dohle	20 x 20 cm	40 cm	150 mm
Waldkauz	35 x 35 cm	40 cm	150 mm

Vorderseite halboffen	Bodenmaß	Höhe Einflugloch über dem Boden	Öffnung über die ganze Breite
Amsel	20 x 20 cm	20 cm	50 mm
Grauer Fliegenschnäpper	15 x 15 cm	10 cm	50 mm

Spezialkästen

Mehlschwalbe	künstliches Schalennest	außen am Dachgesims
Rauchschwalbe	offenes Schalennest oder halbe Kokosnuss	innen in einer Scheune
Steinkauz	„Schornsteinrohr" von gut einem Meter Länge und 20 cm Durchmesser	Einflugloch: Durchmesser 70 mm
Baumläufer	wie Kohlmeise, mit zwei Einflugslöchern: an der Rückseite, oben in der Seitenwand	

Sie haben die große Chance
auf Bewohner und viel Freude,
wenn Sie einen Starennistkasten
aufhängen.

Das Gartenrotschwänzchen balzt vor und in der Nistkastenöffnung.

Der Feldsperling liefert sich oft mit der Kohlmeise einen Kampf um einen Nistkasten.

Waldkäuze nehmen mit allerlei Arten von Nistkästen vorlieb – wenn der Kasten nur groß genug ist und der Eingang nicht größer als 15 cm Durchmesser.

Kleiber, Gartenrotschwänzchen, Specht und Turmfalke sind alles Vögel, die ab und zu einen Nistkasten in einem größeren Garten am Rande eines Dorfes bewohnen. Manchmal sind sie sogar mit einem Staren- oder Waldkauzformat zufrieden. Wenn Sie eine seltenere Vogelart in Ihrem Garten haben, für die Sie einen Nistkasten aufhängen möchten, fragen Sie beispielsweise beim Naturschutzbund (NABU) um Rat. Schlagen Sie sich schon bei dem Gedanken, Sie müssten selbst einen Nistkasten bauen, auf den Daumen, kaufen Sie einen im Fachhandel. Dort gibt es unterschiedlichste Nistkästen, die man anschauen ... und kaufen kann. Startöpfe, Dachziegel für Mauersegler, Kunstnistkästen für Mehlschwalben – dort gibt es alles. Aber das Beste ist, dass man ausführliche Ratschläge zu allem, was Gärten und Nistkästen angeht, bekommt.

Feldsperlinge lassen ihr Nest schnell im Stich, wenn Sie in den Nistkasten schauen, nachdem sie schon begonnen haben zu nisten.

WISSENSWERTES:
Feldsperlingsmännchen und -weibchen sehen für uns gleich aus: beide mit schokoladenbrauner Mütze.

UNBEWOHNBAR – ABER WARUM?

Tagelang haben Sie gesägt und geschmirgelt. Mit der umweltfreundlichsten Beize auf Wasserbasis den Nistkasten haltbar gemacht. Jeden Tag aufs Neue schauen Sie mit aufrichtiger Genugtuung auf Ihre kunstvolle Heimarbeit, aber ... Bewohner bleiben aus. Eine einsame Meise kommt vorbei, geht hinein, fliegt wieder hinaus und kehrt nie wieder zurück. Jahrelang hängt der Nistkasten immer zweckloser herum, verblasst allmählich in der Sonne und endet schließlich unrühmlich im Mülleimer. Warum haben die undankbaren Vögel die von Ihnen so gastfreundlich angebotene Bleibe abgelehnt? Es kann vielfältige Gründe geben. Vielleicht hängt auf der anderen Seite des Zauns bei den Nachbarn ein bewohnter Nistkasten. Eventuelle Interessenten für Ihre Wohnung werden dann weggejagt, weil die Nachbarkohlmeise keine Eindringlinge in ihrem Territorium duldet. Oder der Nistkasten hängt so, dass Sie ihn vom Liegestuhl aus gut sehen können, seine Öffnung aber nach Südwesten zeigt. Ein kräftiger Regenschauer und die gerade geborenen Vögel müssen zum Schwimmunterricht, was meist nicht gut ausgeht. Keine Eltern, die derartige Risiken auf sich nehmen. Ein schutzloser Ort, auf dem den ganzen Tag die Sonne steht, ist das andere Extrem. Zehn junge Meisen an einem warmen Sommertag sind schon Risiko genug und Schatten macht an so einem Tag den Unterschied zwischen Leben und Tod aus. Dünnes Sperrholz, Plastik oder anderes untaugliches Material (Pappe!) isoliert nicht genug und fällt ebenfalls durch.

WISSENSWERTES:

Nistkästen wurden erst zu Beginn des 20. Jahrhunderts von Forstarbeitern „erfunden". Mithilfe der Nistkästen wollten sie die Zahl der Singvögel steigern, um so Insektenplagen zu bekämpfen.

Sogar ein Nistkasten auf dem Boden zwischen altem Gerümpel wird inspiziert, aber ein paar Meter höher hängt er sicherer.

Die meisten Gartenvögel denken nicht darüber nach, ob sie in einem Nistkasten wohnen möchten. Sie bauen ein offenes Nest, von denen die Hälfte oder mehr missglückt.

Wenn es in Ihrer Umgebung viele natürliche Nistgelegenheiten gibt, kann das bedeuten, dass Ihr Nistkasten unbewohnt bleibt. Dieser Kleiber kann nach Belieben den Eingang vergrößern oder mit Mörtel verkleinern.

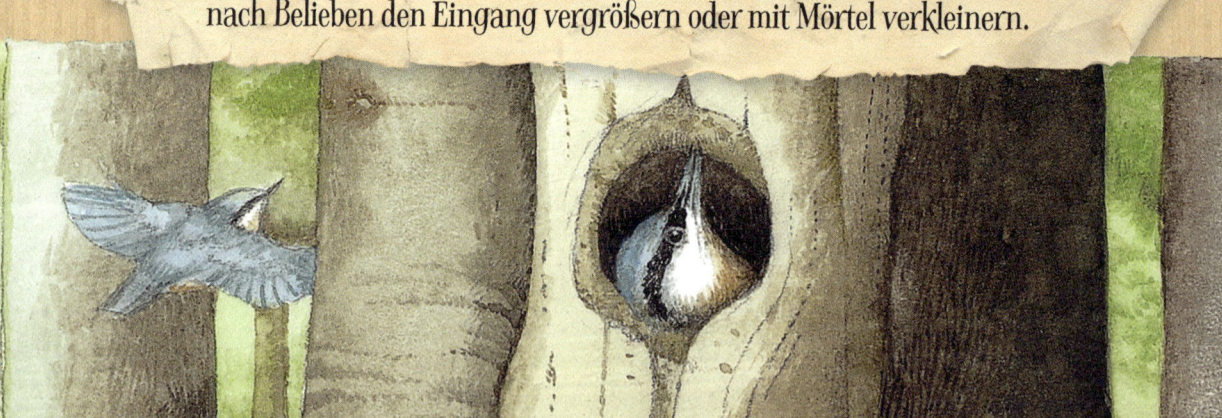

WO UND WANN DEN NISTKASTEN AUFHÄNGEN?

Hängen Sie Ihren Nistkasten am besten mit dem Einflugloch nach Südosten an einen leidlich schattigen Ort. Einen bis zwei Meter hoch ist ausreichend. Niedrig aufgehängte Nistkästen werden manchmal zwar akzeptiert, aber das Risiko, von Katzen oder neugierigen Kindern gestört zu werden, ist hoch. In wirklich geschützten Gärten ist die Windrichtung weniger wichtig, aber achten Sie dennoch auf genügend Schatten. Sorgen Sie dafür, dass dicht am Nistkasten einige Sträucher stehen. Bei Gefahr können die Vögel dann fliehen und heimlich zurückkehren. Warten Sie mit dem Aufhängen nicht bis Mai. Alle Vögel legen dann zwar Eier, aber Sie sind viel zu spät. Der Herbst ist eigentlich die beste Zeit, denn dann schlafen die möglichen Frühjahrsgäste den ganzen Winter in Ihrem Nistkasten und haben sich an ihn gewöhnt. Im zeitigen Frühjahr geht es auch noch, aber die Chance auf schnellen Erfolg ist geringer. Hängen Sie den Kasten an eine Mauer oder einen glatten Stamm, einen Ort, der für Katzen schwer zu erreichen ist, und auf jeden Fall nicht so, dass die Jungen von einem Seitenzweig oder einer Regenrinne aus dem Kasten geholt werden können. Auch ist es wieder wichtig, dass Sie versuchen, sich ein wenig in die Vogelwelt hineinzuversetzen, indem Sie einen möglichst sicheren Ort wählen.

Kleiber bewohnen meist eine natürliche Nisthöhle, aber manchmal ziehen sie in einen Nistkasten.

Hier fehlt der Vorbau!

So ein alter Nistkasten ist mindestens so beliebt wie ein neuer. Kontrollieren Sie aber regelmäßig, ob die Befestigung noch taugt, andernfalls fliegt der Kasten beim erstbesten Sturm vom Baum.

Eichhörnchen leeren manchmal Nistkästen. Wenn man ein eisernes Körbchen vor dem Flugloch befestigt, durch das die Meise durchkommt, wird das Leeren erschwert.

WESHALB MISSLUNGEN?

Plötzlich wird es still im und um den Nistkasten. Tagelang sind die Eltern mit Nahrung hin und her geflogen, aber vom einen auf den anderen Tag ist kein Leben mehr zu erkennen. Wenn der Nistkasten leer zu sein scheint und Sie im Nest zahlreiche kleine Schuppen der Federkiele, die sich während des Wachsens lösen, finden, dann sind die jungen Vögel ausgeflogen. Meistens geschieht das frühmorgens und sie fliegen am ersten Tag in der „bösen" Außenwelt direkt in das nächstbeste Nahrungsgebiet. Doch kommt es auch häufig vor, dass nach ein paar Tagen oder Wochen die Jungen tot im Nest liegen. Das kann viele Ursachen haben. Wenn ein Elternteil auf einem der vielen eiligen Nahrungsflüge verunglückt, kann der andere es allein meist nicht schaffen, und die Jungen sterben an Nahrungsmangel. Anhaltende Kälte, wodurch es wenig Nahrung gibt, kann ebenfalls ein Grund sein. Auf kargen Sandböden kann Kalkmangel für schlechte Eierschalen oder schwache Jungen sorgen. Ab und zu im zeitigen Frühjahr eine Hand voll zerbröselte Eierschalen zu streuen ist dann anzuraten. Ein Netz mit Erdnüssen in der Umgebung ist fatal, weil die Jungen damit gefüttert werden, sie die Nahrung aber nicht vertragen.

WISSENSWERTES:
In England hat das exotische graue Eichhörnchen das einheimische Eichhörnchen an vielen Orten verdrängt und ist eine wahre Plage. Nistkästen und Futterstellen werden mit viel Erfindungsgeist geleert.

Elstern räumen manchmal Amselnester aus. In den Nistkasten können sie nicht gelangen und sie sind auch nicht schnell genug, um erwachsene Vögel zu fangen.

WISSENSWERTES:

Viele Singvögelarten brüten nie in Nistkästen und versuchen, ihre Nester in Sträuchern zu verstecken. Mehr als die Hälfte dieser Nester wird von Katzen, Eichelhähern oder Elstern zerstört. Dadurch wird aber der Vogelbestand nicht angetastet. Viele Vögel beginnen aufs Neue und ziehen doch noch Junge auf.

DRITTER STOCK HINTEN

Nicht jeder hat einen Garten im Erdgeschoss, aber ein paar Quadratmeter Balkon sind oft vorhanden. Ein kahler Balkon mit einem in der Ecke versteckten Nistkasten wird nicht viele Bewohner anlocken. Wenn Sie auf Vogelbesuch Wert legen, müssen Sie auffallen. Auffallen durch einen grünen Balkon mit einladenden Futterstellen und Erdnussnetzen an der Brüstung. Selbst wenn Sie im 10. Stock wohnen, können Meisen und Finken das mit ihren scharfen Augen entdecken. Vögel haben glücklicherweise keine Höhenangst. Wenn Ihr Balkon mit Efeu bewachsen ist, links und rechts einige Sträucher stehen und in der Mitte eine einladende Futterstelle mit Meisenknödeln und einer halben Kokosnuss befestigt ist, dann nehmen sie die Mühe auf sich, 10 oder 15 Meter hochzufliegen. In den Nistkästen, die Sie schon im Herbst aufgehängt haben, können ein paar Kohlmeisen in den langen kalten Winternächten schlafen. Wenn dann der Frühling kommt, erinnern sie sich daran, und Sie können aus einem Meter Abstand von Ihrem Fenster aus die Vögel landen und wegfliegen sehen. Auf einem etwas größeren Balkon kann man mit Balkonkästen und Blumenerde eine kleine grüne Welt schaffen, die ebenfalls Vögel anlockt. Und dauert es eine Weile, bis sie zu Besuch kommen, seien Sie nicht betrübt: Ein grüner und blühender Balkon ist auch für Sie viel schöner als die kahlen Gartenstühle Ihrer Nachbarn.

Ein Startopf ist eine Zierde für Ihren Balkon, und wenn Stare darin wohnen, erleben Sie das Vogelleben eines der hübschesten und bemerkenswertesten Vögel aus der Nähe mit.

Vögel haben keine Höhenangst, daher kommen sie auch in den sechsten Stock, um Ihren Futterkorb zu besuchen.

WISSENSWERTES:
Wenn Sie einen Entenkorb aufhängen, dann wird nicht immer eine Ente darin nisten. Auch Amseln benutzen sie gerne.

Viele Amseln bauen ihr Nest in einer geschützten Ecke auf dem Balkon, auf einem Trockenständer oder nisten in einem zu spät in Gebrauch genommenen Gartenstuhl.

SAUBER MACHEN, JA ODER NEIN?

Wir selbst finden das Vorhandensein eines weichen Bettes so wichtig, dass wir gar nicht daran denken wollen, unser Bett könne bei unserer Heimkehr verschwunden sein. Darum wagen es viele nicht, das eben verlassene Moosbett im Nistkasten nach dem Ausfliegen der Jungen sofort zu entfernen. Das ist aber das Beste, was man tun kann. Sind die jungen Vögel aus dem Nistkasten geflogen, kann das Nest direkt hinterher gesäubert werden, denn sie werden nicht zurückkehren. Junge Meisen schwärmen schnell aus dem Garten in die Eichenalleen oder Wälder ein paar Kilometer weit weg, denn dort wimmelt es von Raupen, Fliegen und Käfern, sodass sie schnell lernen, sich selbst zu versorgen. Das alte Nest sitzt voller Parasiten und anderem Pack und ein zweites Mal in das gleiche Nest Eier zu legen geschieht selten. Aber handeln Sie schnell, denn wenn Sie ein paar Wochen warten mit dem Saubermachen, müssen Sie gut aufpassen. Ich selbst habe einmal das „alte" Nest in der Hand gehabt und beinahe weggeworfen, aber die Vögel hatten eine neue Lage hineingebaut, in der schon wieder drei neue Eier lagen. Meisen haben die Gewohnheit, erst zu brüten, wenn alle Eier gelegt sind. Über den neuen Eiern wird eine dünne Decke aus Moos und Haaren angebracht und das Nest sieht verlassen aus. Wenn Sie so ein Nest finden, machen Sie den Kasten schnell wieder zu und unternehmen Sie nichts weiter.

Junge Vögel, die den Nistkasten verlassen, kommen nicht noch einmal zum Schlafen zurück, wenn sie ausgeflogen sind.

WISSENSWERTES:
Direkt nach dem Ausfliegen der Jungen kann ein Nistkasten mit etwas heißem Wasser sauber gemacht werden.

Mit heißem Wasser und der Bürste durch das Nest, wenn die Jungen ausgeflogen sind. Die Reste Wolle und Pferdehaar werden gerne wieder verwendet.

Gartenrotschwänzchen lieben alte Nistkästen. Das Einflugloch muss oval sein, sodass das Männchen darin aufrecht balzen und prahlen kann.

IM WINTER IM LEEREN NISTKASTEN SCHLAFEN

Im Spätsommer entfernen Sie das Nest; mit einem trockenen Handfeger fegen Sie durch den Kasten – und fertig sind Sie. Kein Chlor, keine Putzmittel oder andere Chemikalien, denn die sind alle schädlich. Wenn Sie es wirklich nicht lassen können, dürfen Sie mit heißem Wasser schrubben, aber nötig ist das nicht. Eine Lage Heu oder Stroh für den Winter ist auch überflüssig und selbst schädlich, da sie nur Läuse und Parasiten anlockt. Die Vögel schlafen am liebsten in einem trockenen, leeren und sauberen Nistkasten. Sie sind dann vor Kälte und den vorbeifliegenden Waldkäuzen und schleichenden Katzen geschützt. Nistmaterial in natürlichen Baumhöhlen scheint ziemlich schnell durch allerlei Fäulnisprozesse zu verrotten, sodass die Vögel nach einiger Zeit wieder einen geeigneten Nistplatz vorfinden. Alte Nester in Sträuchern und Bäumen können Sie also einfach liegen lassen. Amseln bauen über dem ersten Nest gerne noch ein zweites und manchmal benutzen sie das Nest noch einmal. Ringeltauben bauen ab und zu auf dem Fundament aus dem letzten Jahr und Zaunkönige benutzen alte Nester gerne als „Spielnester", aus denen das Weibchen ihre Auswahl treffen darf.

Schleiereulen sind sogar so abhängig von Nistkästen, dass sie am liebsten das ganze Jahr über darin schlafen.

WISSENSWERTES:

Schleiereulenkästen müssen auch regelmäßig gesäubert werden. Durch das Gewölle, das die Schleiereulen tagsüber produzieren, während sie im Nistkasten schlafen, wird der Boden immer höher. Nach einigen Jahren passen sie dann nicht mehr hinein!

FRESSEN
und Trinken

Noch niemals habe ich so viele Schmetterlinge, Hummeln, Bienen und Schwebfliegen rund um mein Arbeitszimmer gehabt wie in diesem Jahr: Der Garten ist in diesem Frühjahr neu angelegt worden! Bei der Auswahl der Pflanzen haben wir besonders an ihre Gäste gedacht: viel Nektar und Staubmehl im Angebot. Das hat geklappt. Und auf die Insekten haben es wieder andere Gäste abgesehen: Vögel. Denn wo kommt man einfacher an ein Mahl?

Marjolein Bastin

DAS SITZBAD

Sie kennen das Bild: Ein Wüstenpilger mit einem zerknitterten Gesicht und einer lederartigen Zunge, der mühsam in die Richtung seiner Fata Morgana kriecht. Wasser ist nicht nur für uns lebensnotwendig, sondern auch für Vögel. Zuerst um es zu trinken - und viele samenfressende Vögel wie Spatzen, Finken und Erlenzeisige haben großen Bedarf. Die trockenen, ölhaltigen Samen machen durstig und da müssen sie mehrmals am Tag einige Schlucke frisches Wasser trinken. Aber auch Amseln, Eichelhäher, Elstern und viele andere Vögel nippen gerne aus einer Wasserschale. Es gibt im Handel sehr unterschiedliche Modelle. Worauf man vor allem achten sollte: einen rauen Boden, denn auch Vögel rutschen im Wasser nicht gerne aus. Außerdem verlangt eine panische Flucht nach einer guten Abflugmöglichkeit. Gerade der erste Moment bedeutet bei einem sich schnell nähernden Sperber den Unterschied zwischen Leben und Tod. Sie können aus Beton natürlich auch selbst eine wunderbare Wasserschale bauen mit verschiedenen Abteilungen und Wassertiefen. Ein Eichelhäher, der den Kopf eintaucht, braucht nun einmal eine andere Tiefe als ein Zaunkönig, der nur Wasser treten will.

WISSENSWERTES:
Nur Tauben können trinken, indem sie Wasser aufsaugen. Alle anderen Vögel müssen das Wasser mit dem Schnabel schöpfen und den Kopf heben, damit es in die Speiseröhre läuft.

Eine Wasserschale sollte möglichst einen rauen Boden haben und flach sein.

SICHER IM BAD

Die Platzierung der Schale ist sehr wichtig. Baden in einer flachen Schale mitten auf dem Rasen ist für kleine Vögel fast ein Selbstmordversuch, da die Fluchtgeschwindigkeit mit den nassen Federn viel zu niedrig ist, um den Raubvögeln zu entkommen. Eine Schale in der Nähe der Sträucher wird von den Vögeln sehr geschätzt, aber dort spielt uns die Nachbarkatze einen Streich. Ich habe das Problem sehr wirksam gelöst: rechts und links von den nächsten Sträuchern einen Pfosten eingeschlagen und groben Maschendraht bis anderthalb Meter hoch hinter den Sträuchern angebracht. Jede Katze, die etwas unternehmen will, kann sich jetzt nur über den Rasen nähern und muss sich blicken lassen. Die Vögel fliehen dann in die sicheren Sträucher. Eine Wasserschale an der Mauer ist übrigens auch eine gute Lösung. Wählen Sie einen sonnigen Ort, da Vögel etwas höhere Temperaturen sehr mögen. Sie baden bei mir eher in der Schale als in dem etwas kälteren Teich. Im Sommer nehmen sie nicht nur ein Bad, um ihre Federn zu waschen, sondern auch um sich abzukühlen. Vögel können nicht über die Haut transpirieren und kühlen sich ab, indem sie Wasser über die Lungen und den Schnabel verdampfen und sich sogar ins Wasser setzen.

Nach einem Bad muss sich ein Vogel in den nahen Sträuchern verstecken können, um zu trocknen.

WISSENSWERTES:
Durch das Bad bleiben die Federn in einem guten Zustand und halten die maximale Menge an Luft fest. Die gut isolierende Schicht, die dadurch entsteht, ist für viele Vögel lebensnotwendig, um niedrige oder hohe Temperaturen überleben zu können.

VÖGEL ERFRIEREN NICHT

Im Winter ist Wasser noch viel wichtiger. Nicht nur um zu trinken, sondern auch um die Federn in perfektem Zustand zu halten, sodass sie ausreichend Luft festhalten, was gut isoliert. Darum wird auch bei leichtem und mäßigem Frost ausgiebig geplanscht. Die Vögel erfrieren nicht, da das Wasser sofort wieder von den eingefetteten Federn abperlt. Nur wenn es heftig friert, ist es nicht vernünftig, lauwarmes Wasser nach draußen zu stellen. Bei solch einem Wetter kann man besser etwas Eis zerbröckeln. Die Eissplitter werden aufgepickt und tauen im Magen auf. Das kostet zwar Energie, hilft aber gegen den Durst. Wenn es geschneit hat, müssen Sie sich um nichts kümmern. Die Vögel fressen dann ab und zu etwas Schnee, um den Durst zu bekämpfen. Natürlich können Sie andere geistreiche Lösungen suchen: mit Wärmflaschen, Kochplatten und anderen komplizierten Konstruktionen, wobei das Wasser allerdings mit Maschendraht abgedeckt sein muss, um Baden bei zu niedrigen Temperaturen zu verhindern. Wenn Sie einen Teich haben, ist eine Wasserpumpe die beste Lösung: Sie hält den ganzen Winter über ein Eisloch offen, und die Vögel wissen selbst, ob sie ein Bad nehmen oder nur trinken wollen. Trinkwasser ist meist nicht das größte Problem für Vögel. Sie können ja fliegen und selbst bei strengem Frost gibt es im Umkreis von einigen Kilometern offene Wasserstellen.

Um die isolierende Wirkung des Federkleids unversehrt zu halten, muss auch im Winter regelmäßig gebadet werden.

Vögel, die Beeren fressen, haben weniger Bedarf an Trinkwasser als Vögel, die trockene, ölhaltige Samen fressen.

WISSENSWERTES:
Wenn die Mauersegler in ihre Nester zurückkehren, stürzen sich die Parasiten, die den ganzen Winter auf sie gewartet haben, auf sie. Diese Vögel, die sich von Insekten ernähren, haben mehr Ärger mit Parasiten als die meisten anderen.

AM STRAND

Sandstrände sind für uns ideal. Der feine Sand sorgt grundsätzlich für einen ganz leicht abschüssigen Strand, sodass wir allmählich nass werden und hockend in der Brandung spielen können. Aber wenige von uns fühlen sich zu einem Klippensprung hingezogen oder wagen es, sich regelrecht von den Felsen zu stürzen. Viele Teiche zeigen für Vögel alle Merkmale einer Felsenküste und bis auf eine übermütige Rauchschwalbe, die tief über das Wasser streift, kann niemand wirklich gut ans Wasser kommen, ohne das Risiko einzugehen, vornüber zu fallen. Eine steile Wand mit einer Tiefe von mehreren Dezimetern am Rand entlang macht Ihren wunderbaren Teich als Vogelbadestelle vollkommen ungeeignet. Die Lösung ist glücklicherweise einfach. Abhängig von der Tiefe schütten Sie an eine sonnige, flache Ecke des Teiches, nicht zu weit weg von den Sträuchern, ein oder zwei Schubkarren Kies. Das Ergebnis ist verblüffend und Sie werden Ihren Augen nicht trauen. An Ihrem flachen, leicht abschüssigen Kiesstrand fühlen die Vögel sich geschützt und sicher.

WISSENSWERTES:
Nach dem Bad werden die Federn eingefettet. Am Sterz befindet sich eine Talgdrüse, an der die Vögel mit ihrem Schnabel entlangfahren, um anschließend die Federn einzufetten.

Eine großzügige Schale in Kombination mit einem flachen Kiesstrand an Ihrem Teich verwandelt Ihren Garten in ein öffentliches Badehaus.

DEN STRAND HARKEN

Baden ist ansteckend, sodass Amseln, Meisen, Stare und Finken manchmal gleichzeitig ein Spritzfestival in Ihrem Planschparadies veranstalten. Da das Wasser nur allmählich tiefer wird, gibt es für jeden Vogel die ideale Tiefe. Durch das ganze Planschen versinkt der Kies ein wenig, und ab und zu nehme ich meine Gartenharke, um den Strand wieder aufzufüllen. Natürlich gibt es heutzutage allerlei ausgeklügelte Brunnensteine und Felsenwasserfälle zu kaufen, aber die können nicht mit der Zweckmäßigkeit unseres Kiesstrands konkurrieren. Wie Sie das Ufer des Teiches etwas flacher machen und den Teich in einen flachen Sumpf übergehen lassen können, wird in den vielen Fachbüchern ausführlich beschrieben. Ein sanfter Hang an einem Betonrand bietet ebenfalls leidliche Abhilfe, aber wenn Sie Ihren Vögeln eine echte Badegelegenheit anbieten möchten, die mit dem Meeresstand konkurrieren kann, dann gibt es nur eine Lösung: ein flacher und leicht abschüssiger Kiesstrand.

Nicht nur Vögel schätzen einen Teich. Auch viele andere Tiere wie dieser prächtige Teichmolch können sich spontan in Ihrem Teich niederlassen. Enten haben manchmal Eier von anderen Wassertieren an ihren Füßen und sorgen so für Überraschungen.

WISSENSWERTES:
Bei einem gesunden Vogel perlt das Wasser in Tropfen von den Federn ab, ebenso wie bei einem Auto, das gerade aus der Waschanlage kommt.

DIE SCHÖNHEITSFARM

Dampfbäder, Schlammbäder, ein türkisches Bad, Sauna - alles Anwendungen, durch die wir uns wie neugeboren fühlen, und das schätzen wir heutzutage immer mehr. Ob Sie aus Ihrem Garten auch so eine Schönheitsfarm für Vögel machen wollen, überlasse ich Ihnen, aber es gibt einige Dinge, die die Vögel sicherlich schätzen werden. Vögel haben häufig Ärger mit Parasiten und Läusen, die verrückt nach dem prächtigen trockenen Federkleid sind und sich mit einem bisschen Wasser nicht vertreiben lassen. Es ist bekannt, dass Dohlen manchmal „Rauchbäder" über Schornsteinen nehmen. Sie spreizen ihre Flügel und setzen sich auf den Rand eines rauchenden Schornsteins, um so die Parasiten zu vertreiben. Von Staren ist bekannt, dass sie manchmal eine Zigarettenkippe aufpicken und sie unter ihre Flügel halten, um so hartnäckige Läuse in die Flucht zu schlagen. Nun scheint mir das Angebot eines Rauchbades, um Parasiten zu vertreiben, nicht nahezuliegen, aber mit einer anderen Methode können Sie ruhig einmal experimentieren. Vielleicht haben Sie es schon einmal bei Hühnern gesehen. Sie nehmen ab und zu ein Sandbad und reiben und kratzen so lange, bis der Sand überall zwischen den Federn durchscheuert. Viele Wildvögel schätzen so ein Sandbad auch sehr und ein Kasten von einem halben Quadratmeter mit einer Schicht aus feinem Sand vermischt mit etwas Erde hat bei uns im Garten schon manchen Spatz und manche Meise zu einem trockenen Sandbad verführt.

Junge Rotkehlchen warten auf Nahrung. Gerade ausgeflogene Vögel haben oft schon allerlei Parasiten, die sie aus dem Nest mitgenommen haben.

Nach einem kräftigen Sandbad bleiben ein paar prächtige Eichelhäherfedern zurück.

GARTEN MIT KALTEM, FLIESSENDEM WASSER

Fließendes Wasser ist ein anderes Extrem, lockt aber auch viele Vögel an. So ein Bächlein von der einen Ecke des Gartens in die andere, das in einem Teich endet, wirkt wie ein Magnet. Vor allem, weil es sowohl in trockenen als auch in kalten Perioden immer frisches, klares Wasser enthält, das man trinken oder in dem man ein Bad nehmen kann. In jedem Gartenzentrum kann man verschiedene Pumpen kaufen, und wenn Sie Strom sparen wollen, betreiben Sie diese mit Sonnenenergie. Außerdem kann man mit Tropfflaschen experimentieren. Sie machen ein kleines Loch in eine möglichst große Flasche, aus der dann das Wasser langsam herauströpfelt, sodass die Vögel ab und zu zum „Wassernaschen" kommen. Eine Flasche auf dem Kopf in einem Halter mit der Öffnung in einer flachen Schale fungiert als ein Wassersilo, das Sie nur alle paar Wochen auffüllen müssen. Sie können sie selbst herstellen und an verschiedenen Stellen im Garten aufstellen oder im Fachhandel kaufen. Viele der pfiffigen Trink- und Futtergeräte, die für Käfigvögel entwickelt wurden, können Sie natürlich auch draußen für Wildvögel benutzen. Regenrinnen, die in eine oder mehrere Regentonnen überlaufen und aus denen ständig, aber sehr langsam Wasser herausläuft, das über eine schmale Rinne in eine tief liegende, sumpfige Ecke des Rasens oder in einen Teich läuft - alles ist möglich, wenn Sie nur experimentierfreudig sind und von der normalen Trinkschale wegkommen. Abschließend will ich Sie noch auf die Tatsache aufmerksam machen, dass Vögel auch Sonnenbäder nehmen. Warum sie das tun, ist nicht ganz klar, aber ab und zu spreizen sie Flügel und Sterz, drehen den Kopf und baden sich in der Sonne. Selbst mitten im Winter sollen schon sonnenbadende Vögel entdeckt worden sein.

Eine Libelle „riecht" auf einige Kilometer Entfernung die Wasserstellen in Ihrem Garten.

VOGELRESTAURANT – DAS GANZE JAHR GEÖFFNET

Die meisten von uns essen dreimal pro Tag. Frühstück, Mittagessen und Abendbrot, manchmal noch ein Keks oder etwas anderes zwischendurch. Einige Vögel, wie die kleinen insektenfressenden Singvögel, werden wach, beginnen zu fressen und tun das fast den ganzen Tag über. Sie schwören auf eine möglichst natürliche Diät, rühren keine Brotkruste und kein Erdnussnetz an, sondern sammeln ihre Mahlzeit, Milligramm für Milligramm, in Form von winzigen Mücken und Insekten. Der Zaunkönig ist dafür ein gutes Beispiel. Zwischendurch wird sogar bei sehr niedrigen Temperaturen ordentlich gesungen, aber sonst muss man für die Kost hart arbeiten. Ein nicht allzu sauberer, blattreicher Garten hilft ihnen durch den Winter. Bei Samenfressern, vor allem wenn sie in Gruppen leben, liegt die Sache anders. Gemütlich zwitschernd und streitend, verbringen Haussperlinge diverse Stunden pro Tag. Ab und zu stopfen sie sich in hohem Tempo mit Samen, Brot und anderen nahrhaften Leckereien voll und danach ist wieder Zeit für einen Schwatz oder eine Siesta. Wenn Sie die Vögel das ganze Jahr über in Ihrem Garten halten wollen, ist eine durchdachte Gartenanlage, in der durchgängig viele Insekten, Raupen und Samen zu finden sind, das beste und natürlichste Hilfsmittel. An anderer Stelle in diesem Buch finden Sie die nötigen Informationen dazu.

> Ein Dach über dem Futterplatz sorgt dafür, dass das Futter trocken bleibt und nicht verschimmelt.

FÜTTERN: WAS UND WIE?

Wenn Sie das ganze Jahr hindurch füttern wollen, ist nichts dagegen zu sagen, wenn Sie nur ein paar Grundregeln beachten. Geben Sie Futter nur in kleinen Mengen, die schnell aufgefressen werden. Futterspender, die immer nur kleine Mengen zur Verfügung stellen, sind dafür sehr geeignet. Füllen Sie beispielsweise statt Wasser feine gemischte Samen in eine umgekehrte Flasche mit der Öffnung über einer Schale. Feine Samen und Getreidekörner verursachen keine Probleme. Die Vögel wählen instinktiv zunächst Insekten und Raupen und nehmen Ihre Hilfe erst dann in Anspruch, wenn die Jungen groß genug sind, um Samen zu vertragen. Erdnüsse im Frühjahr sind eine Ausnahme und wirklich übel. Vogeleltern stopfen ihre Jungen damit voll, diese vertragen die schwere Kost nicht, haben aber auch kein Hungergefühl mehr. Sie hören auf zu betteln, zur Zufriedenheit ihrer Eltern, die das Geschrei als eine Art Erpressung empfinden und sich zu Tode fliegen, um die Knirpse satt zu bekommen. Schließlich ist es gelungen, allerdings endet es in einem Drama, da innerhalb eines halben Tages alle Jungen tot sind. Der „Verbrennungsmotor" ist durcheinandergebracht, sie kühlen aus und sterben.

MEHLWÜRMER SIND AM BELIEBTESTEN.

Wollen Sie es etwas spannender machen, dann kaufen Sie ab und zu Mehlwürmer im Fachhandel oder Sie legen mithilfe eines Aquariums mit alten Zeitungen, altem Brot und einem Baumwolllappen Ihre eigene Zucht an. Wenn Sie zu festen Zeiten einen Mehlwurm auf die Fensterbank legen, scheinen die Meisen und Rotkehlchen in Ihrem Garten die Uhr lesen zu können. Geduldigen Vogelfreunden gelingt es so, die Vögel aus ihrer Hand fressen zu lassen. Dann scheint es auch, als könnten die Vögel zwischen verschiedenen Menschen unterscheiden, da sie nach ein paar Monaten nur Ihnen aus der Hand fressen, aber nicht Ihren Besuchern, die es auch einmal probieren wollen. Früher konnten Vögel auf Bauernhöfen das ganze Jahr hindurch Getreide oder Hühnerfutter abstauben. Es ist nichts dagegen zu sagen, wenn Sie ab und zu etwas „verkleckern". Aber tun Sie es in Maßen und mit Verstand, dann benutzen die Vögel – so zeigen Studien – auch weiterhin ihre natürlichen Nahrungsquellen und Ihr Futter ist einfach eine Zugabe.

WARUM WINTERFÜTTERUNG?

Die ersten Schneeflocken liegen noch nicht auf der Erde, und schon beginnt wieder die Diskussion, ob man im Winter füttern soll oder nicht. Für mich ist die Sache klar: Draußen sind Vögel, die offensichtlich Hunger haben, denn sie fressen das Futter, das ich ihnen hingestreut habe, gierig auf. Sowohl die Vögel als auch ich haben Freude daran, Ende der Diskussion. Aber so einfach ist es für andere nicht. Wir würden mit unserer Fütterung die Natur durcheinanderbringen, indem wir die natürliche Auslese behindern. Wenn zehn Reiher in einer Reihe stehen und frieren, muss man also in Ruhe abwarten, wie viele nach ein paar Wochen oder Monaten Frost noch übrig bleiben, das ist die wahre Natur. Ich glaube nicht so recht an die Notwendigkeit der natürlichen Auslese durch strenge Winter. Um das Mittelmeer herum friert es nur selten. Das würde bedeuten, dass alle Vögel, die dort vorkommen, Schlappschwänze sind! Es ist auffällig, dass viel über dieses Thema nachgebetet wird, ohne dass wissenschaftliche Untersuchungen die Grundlage für Diskussionen bilden, aus denen hervorgeht, dass die Winterfütterung den Vögeln zum Nachteil gereicht. Den umgekehrten Beweis gibt es allerdings wohl. Für die Schleiereule, die von Freiwilligen in strengen Wintern gefüttert wurde, war zum Beispiel diese Hilfe im Kampf um ihre Existenz in unseren Breiten sehr wichtig. Selbstverständlich sollte man sich bemühen, den Vögeln in erster Linie möglichst natürliche Futterquellen anzubieten. Ein Garten mit vielen Insekten und Beeren bietet mehr Garantie für einen guten Vogelbestand als ab und zu Meisenknödel oder Weißbrot. Bemühen Sie sich um ein möglichst natürliches und futterreiches Wohngebiet, das in bescheidenem Maße mit Samen, die die Vögel auch anderswo in der Natur finden können, aufgefüllt wird.

Winterfütterung ist eine der Maßnahmen, durch die es der Schleiereule wieder besser geht.

WISSENSWERTES:

Aus einer englischen Studie geht hervor, dass viele Vögel im Sommer überflüssige Nahrung ignorieren und ihre natürliche Nahrung bevorzugen.

Vögel leben im strengen Winter nicht nur von dem Futter, das wir ihnen geben. Sie suchen nach natürlicher Nahrung, auch wenn es mehr Energie kostet. Diese Meisen suchen unter einem Buchenblatt nach Bucheckern.

FUTTER FÜR KEGELSCHNÄBEL UND KNOSPENBEISSER

HAUSSPERLING, FELDSPERLING, FINK, BERGFINK, GRÜNLING, STIEGLITZ, DOMPFAFF, KERNBEISSER

Wenn man Vögel etwas weniger oberflächlich anschaut, sieht man schnell Unterschiede, die einem vorher nicht auffielen: die Gestalt der Vögel, die Farben, die Füße und - besonders wichtig - die Schnabelform. Wenn Sie im Winter die Vögel füttern wollen, ist es wichtig zu wissen, was Sie am besten für welche Vögel hinstreuen, und die Schnabelform hilft Ihnen dabei. Am einfachsten sind die Samenfresser. Sie haben einen kräftigen kegelförmigen Schnabel und können manchmal sogar harte Kirschkerne knacken. Die häufigsten sind die Sperlinge, von denen es übrigens zwei Arten gibt, die Ihren Futterplatz besuchen könnten: der Haussperling, bei dem Männchen und Weibchen sich deutlich unterscheiden, und der Feldsperling mit seiner schokoladenbraunen Mütze, bei dem wir keinen Unterschied zwischen den Geschlechtern sehen. Weiter gibt es den ziemlich weit verbreiteten Finken und seinen nördlichen Vetter, den Bergfinken, den Grünling mit seinen gelblichen Schwungfedern, den farbenfrohen Stieglitz und den glänzenden Dompfaff.

Feldsperlinge mit ihrer schokoladenbraunen Mütze besuchen gerne einen Futterplatz. Sie wohnen vor allem auf dem Land.

In waldreichen Gegenden sieht man manchmal den Kernbeißer mit seinem superstarken Schnabel.

Kunststücke abgucken

Am besten können Sie diese Vögel mit Getreidekörnern, Mais, Sonnenblumenkernen oder Unkrautsamen füttern - wenn es nur etwas zu knabbern gibt. Wenn man sie mit dem Fernglas im Garten beobachtet, sieht man, wie sie die Samenhülse zwischen den Schnabelhälften knacken. Wie von selbst scheint sie auf den Boden zu fallen, während die Vögel die Samen geschickt verschlucken. Es ähnelt einem permanenten Mümmeln, Fressen ohne Gebiss, aber es ist äußerst effizient und der Samen an sich ist sehr nahrhaft. Diese Gruppe von Vögeln verfügt sogar in den Wintermonaten über auffällig viel Freizeit. Haus- und Feldsperlinge, Finken, Grünlinge - alle streiten sich in der Gruppe, wer denn nun eigentlich der Chef ist, und solange sie dafür noch Zeit und Energie haben, ist es mit dem Hunger nicht so schlimm. Körnerbrot ist übrigens für diese Gruppe auch geeignet. Mit den Erdnussnetzen haben sie viel mehr Mühe als die Meisen, aber es ist sehr unterhaltsam zu sehen, wie viele Kapriolen sie manchmal machen, um doch davon zu naschen. Klar ist, dass sie Kunststücke voneinander abgucken und dass es individuelle Unterschiede in der Geschicklichkeit gibt. Die Vögel, die etwas weniger gelenkig sind, müssen sich mit den Resten zufriedengeben, die die anderen auf den Boden fallen lassen, daher sind sie ständig unter den Erdnussnetzen zu finden. Samenfresser fressen übrigens nicht nur Samen oder Erdnüsse. Auch über Ihre Essensreste rümpfen sie den Schnabel nicht, aber sorgen Sie dafür, dass sie nicht zu salzig sind.

Kernbeißer sind sehr scheu, aber im Winter kommen sie etwas häufiger auf den Boden, wodurch Ihre Beobachtungschancen steigen.

WISSENSWERTES:

Viele Samenfresser überwintern in Gruppen. Sie zeigen einander den Weg zu den nahrhaften Samen. Dadurch haben sie mehr Zeit übrig als kleine Insektenfresser wie Wintergoldhähnchen und Zaunkönige.

Wenn die Grünlinge Ihre Hagebutten leer gepflückt haben, wird es Zeit, sie mit Sonnenblumenkernen zu verwöhnen.

WISSENSWERTES:
„Unsere" Rotkehlchen ziehen im Herbst nach England und Spanien. Ihre Plätze werden von den Rotkehlchen aus Skandinavien eingenommen, die hier überwintern.

FUTTER FÜR AHLENSCHNÄBEL UND VÖGELCHEN

HECKENBRAUNELLE, ROTKEHLCHEN, ZAUNKÖNIG, BAUMLÄUFER

Fast alle Vögel mit einem feinen ahlenförmigen Schnabel entfliehen unseren Wintern und sonnen sich während dieser Zeit in Afrika. Die Zahl der Mücken und Fliegen pro Kubikmeter Luft fällt in Kälteperioden auf null, sodass alle Fliegenschnäpper, Schwalben und kleine grüne Laubsänger wie Fitis, Zilpzalp und Gartengrasmücke zusehen, dass sie wegkommen. Dennoch bleiben einige Arten hier. Zuallererst die Heckenbraunelle, die aufgrund ihrer braunen Farbe ein wenig dem Sperling ähnelt, sonst aber anders aussieht und sich auch anders verhält. Auf dem Bauch rutschend, ohne dass die Füße zu sehen sind, scharren sie den ganzen Winter ein paar Mal pro Tag über den Boden der Futterplätze.

Rotkehlchen und Zaunkönige können Sie verwöhnen, indem Sie etwas Universalfutter im Garten verteilen.

Außerdem treffen Rotkehlchen aus Skandinavien ein, während unsere Rotkehlchen nach England und Spanien fliehen. Sie essen gern sehr feine Samen, ungekochte Haferflocken, Zwiebackkrümel und feine Brotkrümel, wenn die Insekten schwer zu fangen sind. Noch wählerischer sind Zaunkönig und Baumläufer. Ein Zaunkönig singt ab und zu ein keckes lautstarkes Lied, hat aber sonst kaum Zeit für andere Dinge als Fressen. Überall pulen sie noch Spinnen und andere winzige Tierchen aus dunklen Ecken und Löchern hervor. Da sie so lebhaft sind, kann man ihnen eigentlich nur helfen, indem man an fünf bis zehn verschiedenen Stellen auf ihrer Nahrungsroute kleine Mengen Universalfutter auslegt. Ein bisschen Fett oder Erdnussbutter an den Baumstamm geschmiert, verführt den Baumläufer manchmal, aber dieser bevorzugt immer seine eigene natürliche Kost. Nur bei anhaltendem Frost bekommt auch er Probleme. Mehlwürmer sind bei dieser Gruppe sehr beliebt, ebenso Maden und Larven. Vor allem für diese Vogelgruppe gilt, dass Sie häufiger kleine Mengen als eine große Menge auf einmal füttern sollten. Bei Feuchtigkeit schimmeln die feinen Samen schneller und von einer großen Menge Mehlwürmer kann die Mehrheit sich verstecken, bevor die Vögel überhaupt die Chance haben, einen kleinen Teil zu verspeisen.

Der wissenschaftliche Name des Zaunkönigs, Troglodytes, bedeutet Höhlenbewohner, und das hat mit seiner Gewohnheit zu tun, in dunklen Ecken nach Nahrung zu suchen.

Kleine Insektenfresser wie Zaunkönige sind den ganzen Tag auf Nahrungssuche.

WISSENSWERTES:

Sie können selbst Studien durchführen, indem Sie die Zahl der Erdnüsse, die jeden Tag aus Ihrem Erdnussnetz gefressen werden, aufschreiben und mit der Außentemperatur vergleichen.

PURZLER UND AKROBATEN

Kohlmeise, Blaumeise, Tannenmeise, Haubenmeise, Schwanzmeise

Wenn man als Kohl- oder Blaumeise gewöhnt ist, auf der Nahrungssuche Blätter sowohl von der Ober- wie auch von der Unterseite zu inspizieren und so die Hälfte der Zeit auf dem Kopf zu hängen, dann ist das Aufhämmern von Erdnüssen an einem hin- und herschwingenden Erdnussnetz ein Kinderspiel. Wir füttern Vögel, um ihnen zu helfen, aber seien wir ehrlich, natürlich auch, um uns aus der Nähe an ihnen zu erfreuen – und dagegen ist nichts zu sagen. Die Meisenfamilie leistet für das Vergnügen sicherlich den größten Beitrag.

Einmal pro Woche den Futterplatz mit heißem Wasser säubern verhindert die Ausbreitung von Krankheiten.

Erdnussnetze, Meisenknödel und Kokosnüsse an einer Schnur: Diese nahrhaften Mahlzeiten sind bei diesem Zirkusvolk sehr beliebt. Wenn es nur etwas zu pulen und zu knabbern gibt, dann hängen sie ruhig mit einem Fuß am Meisenknödel, um in der Zwischenzeit Konkurrenten auf Abstand zu halten. Es macht Spaß zu sehen, wie es der viel kleineren Blaumeise mit ihrer azurblauen Mütze regelmäßig gelingt, ihren größeren Vetter, die Kohlmeise, einzuschüchtern und wegzujagen. Vor allem wenn die Kohlmeisen vorüberziehende Streuner sind und die Blaumeise schon tagelang einen Meisenknödel „besetzt" hat, hat Letztere ein Heimspiel und aus der Fußballwelt ist bekannt, dass das von Vorteil sein kann.

Meisenknödel sind beim Meisenvolk sehr beliebt, da sie die Energieverluste durch lange kalte Winternächte schnell ausgleichen.

Kohl- und Blaumeisen begegnet man eigentlich in jedem Garten. Tannen- und Haubenmeise lieben Nadelwälder, und wenn man in der Nähe eines solchen Waldes wohnt, hat man größere Chancen auf den Besuch einer dieser Meisenarten. Alle vier lieben Meisenknödel und Erdnussnetze. Wenn man nicht jedes Mal Meisenknödel kaufen will, kann man sie auch einfach selbst machen.

Hier das Rezept:

- *Nehmen Sie ein Kilo ungesalzenes Rinderfett und schmelzen Sie es langsam in einem nicht zu heißen Topf.*
- *Geben Sie unter ständigem Rühren 200 g Sonnenblumenkerne und 400 g zerkleinerte gemischte Hanf- und Mohnsamen dazu.*
- *Gießen Sie die Mischung in Konservendosen, halbe Milchkartons oder Blumentöpfe.*
- *Stecken Sie ein Stück Drachenschnur in den Brei, bevor er hart geworden ist.*
- *Warten Sie, bis der Meisenknödel hart geworden ist, halten Sie die Form kurz in heißes Wasser und holen Sie den Meisenknödel aus der Form.*

Meisenknödel herstellen, Erdnüsse auffädeln und sie anschließend mit einer Schulklasse, den Kindern oder Enkeln aufhängen und Sie erteilen Naturkundeunterricht der besten Art. Vogelsamen, Sonnenblumenkerne, alles wird dankbar angenommen und mit allerlei akrobatischen Vorstellungen belohnt. Manchmal flattert eine Gruppe Schwanzmeisen durch den Garten. Sie sind immer auf der Durchreise und bleiben nur kurz. Den Futterplatz scheinen sie nicht wirklich interessant zu finden, aber offensichtlich entdecken sie in zunehmendem Maße die Meisenknödel.

Blaumeisen hängen oft am äußersten Ende der Zweige, um dort nach Nahrung zu suchen. Die Kohlmeise ist dafür zu schwer und sowieso der weniger begabte Akrobat.

ZIMMERLEUTE AUS PARK UND WALD

BUNTSPECHT, KLEIBER

Wenn Sie in einer parkähnlichen oder waldreichen Umgebung wohnen, ist die Chance auf Besuch von außergewöhnlichen Vögeln deutlich größer. Buntspechte, Kleiber, Sumpf- und Weidenmeisen, Baumläufer – alle verlassen ab und zu den Park, um in den umliegenden Gärten eine willkommene Ergänzung zu ihrer natürlichen Nahrung zu suchen. Vor allem der Buntspecht ist eine auffallende Erscheinung. Auf Meisenart hängt er manchmal an Meisenknödeln und Erdnussnetzen, aber es gibt noch andere Arten, wie wir Spechte und Kleiber einladen können.

Nehmen Sie Kaminholz oder noch besser einen 1 m langen Baumstamm von etwa 10 cm Durchmesser. Schrauben Sie in die Oberseite eine kräftige Ringschraube und befestigen Sie daran ein Seil oder ein Stück Eisendraht, sodass Sie den Spechtklotz aufhängen können. Bohren Sie mit einem Bohrer von 2 cm Durchmesser so viele horizontale Löcher in Ihren Spechtklotz, wie Sie wollen. Gießen Sie etwas von der selbst gemachten Meisenknödelmischung (S. 100) in die Löcher, lassen Sie sie hart werden, drehen Sie den Klotz eine Vierteldrehung und fahren Sie so fort, bis alle Löcher gefüllt sind. Schmieren Sie an den Klotz oder an die Bäume in der Umgebung etwas Erdnussbutter, binden Sie hier und da eine Speckschwarte an den Baum und Ihr Schlaraffenland für Spechte ist fertig.

Natürlich werden auch Meisen und andere Vögel davon profitieren, aber das ist nur recht und billig. Ich sammle selbst im Herbst extra Haselnüsse. Im tiefen Winter streue ich sie aus. Der Buntspecht weiß das zu würdigen. Eine nach der anderen wird im Spalt eines alten Nussbaums festgekeilt und aufgehämmert. Unter solch einer Spechtschmiede liegt Ende Februar dann ein beeindruckender Teppich aus Haselnussschalen. Kräftige Käserinde (ohne Plastik) und gemischte Nüsse stehen weit oben auf der Speisekarte. Der Kleiber ist vor allem wild auf Sonnenblumenkerne. Sie werden nicht sofort aufgefressen, sondern in hohem Tempo weggebracht und überall in seinem Wohngebiet versteckt. Das entwickelt sich zu einer wahren Vorratskammer, und sollten Sie einmal für eine Woche in Winterurlaub fahren, wird der Kleiber davon wenig merken.

Indem er den Tannenzapfen beim Aufhämmern festkeilt, kann dieser Buntspecht besser an die Samen kommen.

WISSENSWERTES:
Der Ort, den ein Specht benutzt, um seine Tannenzapfen festzukeilen, heißt Schmiede.

Alles wird in der „Schmiede" festgekeilt: Fichten- und Tannenzapfen, Haselnüsse – und die Reste finden sich auf dem Boden unter dem Baum.

WISSENSWERTES:
Amerikaner füttern Vögel auf amerikanische Art: Sie füttern das ganze Jahr hindurch. Jedes Wochenende wird der Futterspender befüllt, wodurch das Füttern möglichst wenig Zeit kostet und doch immer Futter da ist.

Indem man horizontale Löcher in einen Baumstamm bohrt und diese mit Fett füllt, kann man Spechte, Meisen und andere Gartenvögel anlocken.

Wenn es wirklich wintert, „besetzen" die Wacholderdrosseln die Futterplätze im Garten.

Ein Starenstreit dauert nur kurz und meist geht es um so einen leckeren faulen Apfel.

WINTERGÄSTE UND DAHEIMGEBLIEBENE

STAR, WACHOLDERDROSSEL, ROTDROSSEL, AMSEL

Neben den Meisen, Spechten und anderen Standvögeln bekommen wir jeden Winter Besuch von Hunderttausenden Skandinaviern und Russen. Massen von Staren, Rot- und Wacholderdrosseln fliehen vor Väterchen Frost und suchen ihr Heil in unserem gemäßigten Klima. Im Herbst merken wir davon noch nicht viel. Meist bleiben sie auf dem Weideland, wo sie gemeinsam mit Kibitzen und Goldregenpfeifern auf Wurmjagd gehen. Aber wenn der Winter hereinbricht und anhält, erscheinen sie vom einen auf den anderen Tag an unseren Futterplätzen. Gruppen aus Dutzenden von lärmenden, hastig fressenden Staren treffen ein; äußerst spannende Vögel – es ist eine wahre Freude, ihnen zuzuschauen. Meisenknödel, Brot, überall probieren sie, ein Körnchen aufzupicken, und sie sind sicher nicht wählerisch. So wurde ein ganzer verzuckerter Honigtopf, den ich an die Seite gestellt hatte, gierig leer genascht. Aber am meisten Freude macht man ihnen mit faulen Äpfeln und Birnen. Nicht nur den Staren, sondern der ganzen Drosselfamilie machen Sie es damit recht. Ob sie nun Amseln, Rotdrosseln oder Wacholderdrosseln sind, alle lieben Äpfel, und wenn auch nur gegen den Durst.

WACHOLDERDROSSELN TERRORISIEREN DEN FUTTERPLATZ

Auffällig ist, dass eine dicke Wacholderdrossel, die plötzlich in Ihren Garten platzt, sich gegenüber anderen Gartenvögeln, die schon wochenlang in ziemlicher Harmonie zum Futterplatz kommen, äußerst aggressiv verhalten kann. Die Lösung ist einfach: Teile und herrsche. Legen Sie drei oder vier Futterplätze an und legen Sie überall ein paar faule Äpfel oder Birnen hin statt zehn an einer Stelle. Die Wacholderdrossel wird vom einen zum anderen Ort rennen, aber sie kann nie an allen Orten gleichzeitig sein. Drosseln und Stare sind übrigens echte Allesfresser. Aufgequollene Rosinen und Korinthen sind ein Leckerbissen, Vollkorn- oder Weißbrot wird auch gern gefressen.

Essensreste wie Reis oder gekochte Kartoffeln verschwinden so schnell wie Schnee in der Sonne. Ab und zu kommen sie auch in die Futterhäuschen, aber auf dem Boden fühlen sie sich wohler. Wenn Sie sie nicht nur füttern, sondern auch wissen wollen, wann sie zu Besuch kommen und was sie fressen, ist es gut, eine eigene Untersuchung durchzuführen. Beobachten Sie die Vögel ein- oder zweimal pro Woche eine Stunde ununterbrochen und schreiben Sie die Ergebnisse auf. Vergessen Sie nicht die Außentemperatur, die Witterungsverhältnisse und die Zeit zu notieren. Je kälter es wird, desto lebhafter ist der Vogelverkehr im Garten.

WIR TEILEN ALLES FAIR

„Die Dohlen und Elstern fressen alles auf, nichts bleibt für die kleinen Vögel übrig." Diese Klage höre ich regelmäßig. Nun bin ich zwar ein heftiger Anhänger von Dohlen, Elstern und anderem „Gesindel", aber ich sehe ein, dass wir den Kleinen auch etwas gönnen müssen. Die Lösung ist einfach und die gleiche wie bei der Nistkastenöffnung. Die Größe des Eingangs bestimmt schließlich, wer hineinkann und wer nicht. Da Sie das jetzt wissen, können Sie problemlos Ihren eigenen selektiven Futterapparat entwickeln. Das kann eine große Kuppel aus grobem Maschendraht sein, wo alles bis zur Größe einer Amsel durchkommt und alles, was größer ist, sich den Schnabel stößt. Eine „geschlossener" Futterplatz mit Löchern von etwa 6 cm Durchmesser ringsherum lässt den Buntspecht noch durch, die Dohlen aber nicht. Denkbar ist auch ein Kastenmodell und einmal sah ich einen sehr erfinderisch eingerichteten Futterplatz: einen umgedrehten Laufstall! Es gibt noch eine andere Strategie: einen auffallend offenen Futterplatz für Dohlen und Möwen einrichten und in einer Ecke versteckt Ihr Kleinzeug verwöhnen.

Eine Mischung aus Samen und Fett, die in eine Glocke gegossen und danach hart wurde, kann nur von Meisen und einem gelenkigen Haussperling vertilgt werden.

Indem man an einem Futterhäuschen rundherum vertikale Stäbe im Abstand von 3, 4 oder 5 cm anbringt, können nur die kleinen bzw. etwas größeren Gartenvögel ans Futter gelangen. Unerwünschten Besuchern wie Eichhörnchen kann man dann an anderen Stellen im Garten etwas Extrafutter geben.

STRAUCHDIEBE

Es gibt viel weniger Unterschiede zwischen Ihrem Garten und der afrikanischen Savanne, als Sie vielleicht denken. Während Sie abends im Fernsehen sehen, wie ein Leopard über eine Gazelle herfällt, wird vielleicht im gleichen Moment eine Amsel oder Elster von einem Waldkauz aus Ihren Koniferen geholt. Rotkehlchen fechten im Frühjahr manchmal einen wirklichen Kampf auf Leben und Tod aus, Trauerfliegenschnäpper und Kohlmeisen trachten einander im Kampf um den Lieblingsnistkasten nach dem Leben, die Amsel zerstückelt einen Wurm, die Elster raubt ein Amseljunges und die Krähe holt gnadenlos ein Elsterjunges aus dem Nest, um es an die eigene Brut zu verfüttern. Wir werden selten Zeugen von all diesem Mord und Totschlag und genießen lieber an einem schönen Sommerabend das beruhigende Amselkonzert. Es ist vernünftig, sich möglichst wenig um all die Schlachten zu kümmern, geschweige denn aktiv daran teilzunehmen, weil wir uns über das Verhalten bestimmter Vogelarten, beispielsweise der Elstern, ärgern. Auf der anderen Seite haben wir auch Gefühle und vor allem Sympathie für die Schwächeren. Ich bitte Sie daher nicht, bei dem Anblick einer Elster, die ein Amseljunges nach dem anderen aus dem Nest holt, zu jubeln. Sie können die Elster am besten verjagen und mit Maschendraht versuchen, das Amselnest gegen weitere Überfälle zu schützen. Wenn Sie nur nicht Ihren persönlichen Krieg gegen die Elster beginnen, denn es ist nicht Sinn der Sache, dass wir in den Kreislauf aus Fressen und Gefressen-Werden eingreifen. Wir erschießen ja auch keine Leoparden, weil sie bedauernswerte Gazellenbabys zerfleischen ...

WISSENSWERTES:
Die Kommunikation der Möwen ist so gut, dass Sie, wenn Sie Futter im Park ausstreuen, in kürzester Zeit von einer weißen Möwenwolke umgeben werden. Durch die Art des Fliegens, kombiniert mit der weißen Farbe, erzählen sie einander, was es zu holen gibt.

WISSENSWERTES:
Das Elsternest in meinem Garten wurde an einem frühen Morgen mit viel Lärm von einer Krähe geleert.

Sperber und Katzen benutzen beide die gleiche Taktik, um an ihre Beute zu kommen: überraschen und überrumpeln.

Die dichten Sträucher, die Gartenvögel so wichtig finden, um vor dem Sperber hineinzuflüchten, bieten den Katzen wiederum Möglichkeiten. Die Lösung ist, vom Rand des Rasens an zwischen den Sträuchern hindurch Maschendraht anzubringen. Sorgen Sie dafür, dass der Draht wieder am Rand des Rasens endet. Die Katzen können sich dann nicht ungesehen anschleichen und müssen sich erst auf dem Rasen blicken lassen, bevor sie zum Angriff übergehen können.

Binden Sie Ihrer Katze ein Glöckchen um den Hals

In einem Elsterterritorium leben meist Dutzende von Katzen, die vor allem im Frühling mit jungen, gerade ausgeflogenen Amseln in die Küche getrabt kommen. Obwohl es nicht so ist, dass der Amselbestand dadurch nachweislich zurückgeht, ist es doch alles andere als angenehm. Was Ihre eigene Katze betrifft, können Sie einige Maßnahmen ergreifen. Es gibt Länder, in denen Katzen ebenso wie Hunde nur angeleint nach draußen dürfen, und wenn sie sich von Jugend an daran gewöhnen, kennen sie es später nicht anders. Einige meiner Bekannten haben die Katze im Sommer draußen an der Leine und das scheint gut zu funktionieren. Der Katze ein Glöckchen um den Hals zu binden ist das Mindeste, was man tun kann. Solche Glöckchen gibt es im Fachhandel zu kaufen. Übrigens gelingt es selbst diesen Katzen manchmal, einen Vogel zu vernaschen, und vor allem die naiven, gerade flügge gewordenen Amseln scheinen manchmal zu denken, dass ein klingelnder Eismann vorbeikommt und nicht ein lebensgefährliches Monster. Gerade in diesen Frühlingsmonaten gilt es, die Katzen etwas mehr drinnen zu halten. Übrigens ist das auch an kalten Wintertagen keine schlechte Idee, sodass Ihr Gartentiger sich nicht dauernd auf die Besucher Ihrer Futterplätze stürzen kann.

Die Katze der Nachbarn

Wenn es nicht Ihre eigene Katze ist, wird es etwas mühsamer. Eine dünne Drahtborte von etwa einem halben Meter auf Ihrem Zaun ist effektiv, macht aber den Ausblick nicht schöner. Wenn Sie den oberen Rand des Drahtes in einer Art Fransenborte ausschneiden, ist es noch effektiver. Ausgefeilte Duftstäbchen, Kaffeesatz, Löwenmist und Pflanzen wie Weinraute sind nicht wirklich wirksam. Dorniges Schneidelholz vom Feuerdorn auf den Wegen versperrt vielleicht den Durchgang. Im Handel gibt es eine Art „Katzenradar". Wenn eine Katze in die Nähe des Apparats kommt, beginnt dieser, Ultraschallgeräusche auszusenden, die Katzenohren nicht ertragen und die die Tiere in die Flucht jagen. Vögel scheinen dadurch nicht beeinträchtigt zu werden. Die Entscheidung, ob Sie ein Nest mit Draht gegen Katzen schützen, ist nicht immer einfach. Wenn es gut versteckt ist, ist die Arznei manchmal schlimmer als die Krankheit und zieht die Aufmerksamkeit anderer Raubvögel auf das Nest. Es ist ja auch nicht so, dass jedes Nest geleert wird. Amseln bauen bis tief in den Sommer Nester und eine Produktion von mehr als zehn Kindern pro Saison ist nicht außergewöhnlich. Ein Amselpaar, das vier Jahre lebt, bekommt ungefähr 50 Junge, von denen nur zwei am Leben bleiben müssten, um den Amselbestand auf gleichem Niveau zu halten. Mit den jungen Vögeln rund ums Haus ist es daher auch nicht anders als mit Mäusen und Fröschen: Die meisten werden geboren, um aufgefressen zu werden. Trotzdem folgen wir weiter unserem Gefühl und versuchen, die Schwächeren in diesem modernen Dschungel vorzuziehen.

Mit einem Futterplatz an einer offenen Stelle helfen Sie nicht nur den Singvögeln, sondern auch dem Sperber ...

WISSENSWERTES:
Vögel, die das ganze Jahr eine Gegend bewohnen, kennen sie nicht nur wie ihre Westentasche, sie wissen auch, welche Katze gefährlich ist und welche nicht.

Maschendraht versperrt den Durchgang

Ein gut geschnittener, dichter Weißdorn bietet Ihren Gartenvögeln ausgezeichnete Fluchtmöglichkeiten bei Angriffen von Sperbern. Eine Kette aus miteinander verbundenen, schräg nach außen stehenden Holzstiften um einen Baumstamm verhindert, dass Katzen daran hochklettern. Ein ein Meter hoher, senkrecht stehender, grober Maschendraht, unsichtbar im Zickzack hinter Ihren Sträuchern angebracht, gewährt den Vögeln, die auf dem Boden Nahrung suchen, unbehinderten Durchgang, versperrt aber die Lieblingsanschleichroute der Nachbarkatze. Sie sehen, mit welchen erfinderischen und experimentellen Aktivitäten Sie viele Vogelleben retten können. Ich kenne auch Vogelliebhaber, die verschiedene Futterplätze anlegen: einige versteckt im Garten, aber auch einen mitten auf dem Rasen für die Draufgänger unter den Vögeln.

Für einen Sperber sind die Winternächte ebenso lang und kalt und auch diese Vögel brauchen Nahrung, um zu überleben. Dafür, dass sie nun zufällig nicht als samenfressender Fink, sondern als finkenfressender Raubvogel auf die Welt gekommen sind, können sie auch nichts. So ein offener, getreidereicher Futterplatz voller Haus- und Feldsperlinge oder Finken bietet dem Sperber ausgezeichnete Möglichkeiten. Sie haben die Qual der Wahl!

Stieglitze – auch Distelfinken genannt – leben wie die anderen Finkenarten in Gruppen, wodurch sie sich frühzeitig vor der sich nähernden Gefahr warnen können.

WISSENSWERTES:
Maschendraht im Zickzack durch die Sträucher angebracht, macht Katzen das unbemerkte Anschleichen unmöglich.

Gesindel gibt es nicht

Was für den Sperber gilt, trifft im Frühjahr auch auf Eichelhäher, Dohlen, Elstern und Krähen zu. Zu einem großen Teil besteht ihre Nahrung aus Samen, Eicheln, Larven, Spinnen, Raupen und anderen vegetarischen und Mini-Fleischgerichten. Passen Sie auf: Fast immer, wenn Sie diese Vögel sehen, sind sie damit beschäftigt. Aber wenn man einmal ein Junges tagsüber aus der Vogelwiege holt, ist man für alle Zeit verdammt. Jäger fachen dieses Feuer eifrig an. Die blutrünstigsten Geschichten machen bei ihnen die Runde und danach durchbohren sie ohne Pardon mit einem fast heiligen Missionarsblick und ohne eine Träne zu vergießen jährlich Tausende von Nestern voller Jungvögel. Es ist bekannt, dass die meisten Elstern und Krähen höchstens zehn Nester pro Frühjahr entdecken und sich in dieser Zeit hauptsächlich von Samen und Insekten ernähren. Auf den Vogelbestand hat das keinen bedeutenden Einfluss. Waldkäuze fressen das ganze Jahr hindurch Vögel, leicht etwa 1000 Vögel pro Jahr pro Kauz, aber sie sehen so schön aus mit ihren verträumten schwarzen Augen, als könnten sie keiner Fliege etwas zuleide tun. Lassen Sie sich daher nichts weismachen, seien Sie stolz, wenn in Ihrer Nähe „Gesindel" wohnt. Hegen und pflegen Sie Ihre „Löwen und Tiger" und bedenken Sie, dass dies Gesindel Ihren Schutz genauso verdient hat wie Rotkehlchen, Kohlmeisen und Singdrosseln.

In der neueren Naturschutzgesetzgebung werden Eichelhäher, Krähen, Dohlen und Elstern prinzipiell geschützt. Bravo!

BÄUME
und Sträucher

Seit über zwanzig Jahren wohnen wir nun schon in unserem Haus in der Veluwe. Bäume, die wir gepflanzt haben, sind inzwischen groß geworden. Eine Walnuss vor meinem Atelier – im Winter kahl, stark verästelt – ist ein herrlicher Ort, um Vögel von Nahem zu beobachten. Im Frühling hellgrün mit rötlichen jungen Blatttrieben: fantastisch! Der tiefe Schatten über meinem Zimmer im Sommer ist eine Wohltat. Woher wir auch kommen mögen: Es ist immer ein Genuss, in die Veluwe zurückzukehren. Die Vögel rund um den Teich, die Düfte des Gartens, die Wälder und die Ruhe, die alles ausstrahlt. Zu Hause.

Marjolein Bastin

WER GEHÖRT ZU WEM?

Wenn Sie sich an prächtigen farbenfrohen Stieglitzen erfreuen wollen, pflanzen Sie Disteln in Ihrem Garten. Die Disteln blühen herrlich rot und locken viele Insekten an. Die Aussaat ist nicht sehr schwer, und es ist nicht so, dass die paar Disteln gleich Ihren ganzen Garten überwuchern. Karden sind übrigens eine gute Alternative, auch sie werden gern von Stieglitzen besucht.

Wenn Sie keine Disteln, aber Stieglitze in Ihrem Garten haben möchten, dann ist die Karde eine Lösung, denn auch sie lockt die Stieglitze an.

Eine Gruppe stachliger Hagebutten lockt im Herbst Grünlinge an. Die Männchen sind grünlich mit auffallend gelben Schwungfedern, die Weibchen haben ein gleichmäßiger graugrünes Federkleid. Die Grünlinge zieht es zu den Hagebutten hin, aus denen sie die Samen herauspulen und sie auf ziemlich schlampige Art aufknabbern, wodurch die Hälfte auf dem Boden landet.

Bei Drosseln sehr beliebt ist die Eberesche, auch Vogelbeere genannt. Die Amsel, die am weitesten verbreitete Drosselart, nimmt sie gerne in Anspruch. Im August, wenn sich die ersten Beeren orange färben, sind sie für die fast erwachsenen Jungen leichtes Futter, mit dessen Hilfe sie gerade diese schwierige Zeit des Selbstständig-Werdens gut überbrücken können. Systematisch werden die Bäume leer gefressen. Der Herbst kann kommen.

Der Feuerdorn ist ein Eldorado für die skandinavischen Wacholder- und Rotdrosseln, die hier überwintern. Tagelang können sie ihrem eigenen Strauch „treu" bleiben und voll gefressen zwischen den enormen orangefarbenen Trauben sitzen und sinnieren. Stare sind echte Holunderbeerenliebhaber und ihre Schnäbel sind manchmal vom

Saft lila, wenn sie in Gruppen laut lärmend von einem Strauch zum nächsten fliegen. Die Mönchsgrasmücke, ein unbändiger Singvogel, der in Wäldern und größeren Gärten wohnt, überwintert immer öfter bei uns und stürzt sich dann auf die Holunderbeeren. Nicht der Schnabel, sondern der Analbereich dieses Vogels wird dadurch verdächtig lila.

Die Vogelbeere könnte vielleicht besser Amselbeere heißen, denn vor allem diese Vögel fressen diese Art von Beeren.

Die Beeren des Weißdorns werden von unseren, aber auch von den skandinavischen Drosseln gern gefressen. Im Deichvorland bevölkern große Gruppen von Rot- und Wacholderdrosseln die großen, reichen Weißdornreihen, aber auch im Garten werden diese Sträucher schnell ihrer Beeren entledigt.

Auf etwas kalkreicheren Böden liefern Stechpalme und Eibe ausgezeichnete Nahrung hauptsächlich für die Amseln. Wenn Sie ein paar Stechpalmenzweige für Weihnachten ins Haus holen wollen, warten Sie nicht zu lange, und verwahren Sie sie ab Mitte November an einem dunklen kühlen Ort. Der Rest der Beeren kann als weihnachtliches Festmahl für die Vögel dienen.

Blaumeisen naschen gerne Brombeeren, aber auch andere Früchte.

Efeu und Hopfen sind für nistende Vögel wichtig. Der Graue Fliegenschnäpper, der in einem halb offenen Nistkasten brütet, zieht gerne an einen dicht bewachsenen Giebel oder fast gänzlich überwucherten Baum. Auch die Amsel benutzt gerne die Höhlen, die durch die lianenartige Struktur eines sich hochschlängelnden Hopfens entstehen.

Die Brombeeren werden vor allem im Herbst oft von der Blaumeise besucht, die wild auf vertrocknete Brombeeren ist, die wir übersehen haben. Jeden Tag kommt sie kurz vorbei, um alte Beeren zu naschen. Im Sommer können Sie die guten Beeren ernten. Lassen Sie die weniger guten Früchte für die Blaumeise hängen.

Das Geißblatt duftet nicht nur herrlich, sondern lockt auch viele Insekten an und bringt Beeren hervor, die die Amseln lecker finden.

Der Gemeine Schneeball mit seinem weißen Kranz aus Scheinblüten um die echten Blüten hat Dolden von roten Steinfrüchten mit einem Kern. Alle unsere Vögel lassen diese giftigen Früchte in Ruhe, sodass sie bis tief in den Winter den Garten zieren können. Aber manchmal sieht man auf den Schneebällen ganz besondere Gäste: die Seidenschwänze. Diese kommen nur etwa alle fünf bis zehn Jahre aus Skandinavien zu uns und sind ganz wild auf diese Beeren. Seidenschwänze fressen übrigens auch gerne Vogelbeeren, aber die sind oft schon weg, wenn sie eintreffen.

Die rote und schwarze Farbe der Beeren hebt sich gut von den grünen Blättern ab. Dadurch werden die Vögel angelockt, fressen die Beeren und verbreiten über ihren Kot die Samen.

Die Spätblühende Traubenkirsche wurde hierhergebracht, um mithilfe der Blätter die Humusschicht des Waldbodens zu verbessern. Die Forstkundler hatten nur leider vergessen, dass die Beeren dieser Traubenkirsche bei Vögeln wie Staren, Amseln und Singdrosseln äußerst beliebt sind. Im Magen-Darm-Trakt verändern sich die Kerne, sodass sie noch keimfähiger werden. Überall, wo der Kot der Vögel landete, wuchsen spontan neue Bäume, wodurch die Spätblühende Traubenkirsche den Namen Waldpest bekam. Die einheimische Echte Traubenkirsche liefert auch Beeren für die Vögel, keimt aber weniger leicht.

Die Beeren des Weißdorns sind bei Wacholder- und Rotdrosseln sehr beliebt.

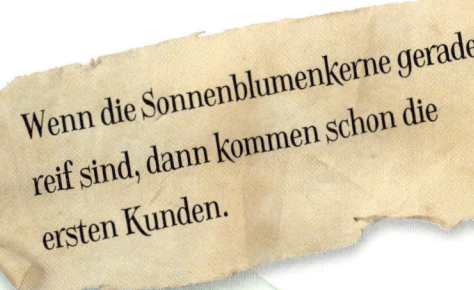

Wenn die Sonnenblumenkerne gerade reif sind, dann kommen schon die ersten Kunden.

Hagebutten garantieren für Besuch von Grünlingen.

Eine gut tragende Hasel ist ein Fest für den Buntspecht und den Kleiber. Im Winter scharren sie auf dem Boden rund um die kräftigen Sträucher auf der Suche nach den glatten Nüssen, die noch nicht von Mäusen oder anderen Nagetieren aufgefressen worden sind. Mit einer Nuss im Schnabel fliegen sie zu ihrer nächsten „Schmiede". In dem Spalt eines alten Baumes wird die Nuss festgekeilt und aufgehackt.

Viele Vögel, die im Sommer Insekten fressen, wechseln kurz vor dem Abflug zu Holunderbeeren. Dadurch können sie in kurzer Zeit einen Fettvorrat für den langen Zug in den Süden anlegen.

Wenn Ihr Garten sich für mehrere Bäume eignet, können Sie wie bei den Sträuchern bestimmen, wer bald zu Besuch kommt.

Wenn Sie eine Reihe von Obstbäumen pflanzen und Dompfaffe zu Besuch haben möchten, wählen Sie Pflaumenbäume. Im Frühjahr knabbern sie stundenlang gemütlich an den Knospen. Aus den Pflaumen wird dann wahrscheinlich nicht viel, aber wir hatten vereinbart, dass Sie einfach ein paar Pfund auf dem Markt kaufen. Übrigens ist auch die Felsenbirne, die im zeitigen Frühjahr so übermäßig blüht, bei Dompfaffen sehr beliebt.

Wacholderdrosseln können manchmal so viele Beeren fressen, dass diese in ihrem Magen gären und die Vögel betrunken machen. Sperber freuen sich darüber!

Ein paar Erlen in Ihrem Garten werden im Winter sicher von Gruppen umherziehender Erlenzeisige aufgesucht werden – kleine grüngelbe Vögel, die sich zwitschernd und plappernd kopfüber an die Erlenzapfen hängen, um die Samen herauszupulen. Im Sommer werden sie täglich von allerlei insektenfressenden Vögeln inspiziert, die Erlenblattkäfer, kleine schwarze Käfer, suchen.

Eine Birke mit ihrem prächtigen weißen Stamm ist den ganzen Sommer hindurch für allerlei Meisenarten und andere kleine Laubsänger wie den Zilpzalp und den Fitis ein idealer Ort, um auf Spinnen- und Mückenjagd zu gehen. Der Stamm wird vielfach von Baumläufern untersucht, die auch auf den rauen Stämmen der Erlen und Eichen zu finden sind. Ein einziges Mal habe ich im Winter Besuch von Birkenzeisigen gehabt; ebenso wie Seidenschwänze sind sie Zugvögel, die nur ab und zu hier überwintern. Die feinen winzigen Samen sind für Birkenzeisige besonders geeignet.

Der Eichelhäher versteckt im Herbst etwa 8000 Eicheln. Die meisten werden hinterher gefressen. Die Eicheln, die nicht gefunden werden, keimen und können zu enormen Eichen heranwachsen.

Die Spätblühende Traubenkirsche ist von Vögeln über das Fressen der Beeren und die Samen im Kot in hohem Tempo in den Wäldern verbreitet worden.

Ein Obstbaum oder eine Felsenbirne in Ihrem Garten erhöht die Chancen auf Besuch von Dompfaffen.

Eine Stiel-Eiche ist ein Baum, der zu enormem Format heranwächst und im Sommer vielen Vogelarten Nahrung bietet. Die Meisen fangen die Eichenwickler und allerlei andere Insekten und Raupen. Etwas ganz Besonderes ist die Zusammenarbeit zwischen dieser Eiche und dem Eichelhäher. Der prächtige Vogel versteckt im Herbst Tausende von Eicheln und lebt im Winter davon. Versteckte Eicheln, die er übersieht, können zu neuen Eichen heranwachsen, von denen Eichelhäher wieder leben können. Auch Ringeltauben fressen Eicheln.

Eine Buche sorgt im Winter für regelmäßige Besuche von Finken, Bergfinken und Meisen, die alle verrückt nach Bucheckern sind. Manchmal gibt es Jahre mit einer großzügigen Bucheckerernte und dann tirilieren in den Buchenalleen die Vögel, die davon profitieren.

Die Engländer nennen den Dompfaff „bullfinch", weil er einen so dicken, schwammigen Eindruck macht. Ihr „goldfinch" ist unser Stieglitz.

Amseln bei Marjolein zu Besuch.

Als Übersicht finden Sie hier eine Liste von Sträuchern und Bäumen und ihren speziellen Besuchern. Neben diesen „Spezialisten" profitieren natürlich auch viele andere Gartenvögel von diesen Grünanlagen, aber mit Ihrer Wahl aus nebenstehender Liste „wählen" Sie gleichzeitig den dazugehörigen Vogelbesuch.

Bucheckern werden sowohl von der Meisen- als auch von der Finkenfamilie gerne gefressen.

Gehen Sie mit unten stehender Liste in eine Gärtnerei, pflanzen Sie ein paar beerentragende Sträucher und verzaubern Sie Ihren Garten in ein Vogelparadies.

Distel und Karde - Stieglitz
Hagebutte - Grünling
Brombeere - Blaumeise
Eberesche - Amsel
Feuerdorn - Rot- und Wacholderdrossel
Weißdorn, Schlehdorn - Rot- und Wacholderdrossel
Stechpalme und Eibe - Amsel, Singdrossel
Holunder - Star, Mönchsgrasmücke
Efeu, Hopfen - Grauer Fliegenschnäpper, Amsel
Geißblatt - Amsel
Gemeiner Schneeball - Seidenschwanz
Pflaumenbaum, Felsenbirne - Dompfaff
Hasel - Buntspecht, Kleiber
Echte und Spätblühende Traubenkirsche - Star, Amsel, Singdrossel
Erle - Erlenzeisig
Birke - Baumläufer, Birkenzeisig
Stiel-Eiche - Eichelhäher, Ringeltaube
Buche - Fink, Bergfink, Meise

Natürlich gibt es noch viel mehr Strauch- und Baumarten, die den Vögeln Nahrung und Schutz geben. Wacholderstrauch, Pfaffenhütchen, gelbe Kornelkirsche, Berberitze, Sauer- und Süßkirsche, Mehlbeere und noch viele andere. Die Gartenbücher sind voll davon und auch die Gärtnereien können Sie weiter beraten. Die Aufzählung, die ich Ihnen gegeben habe, ist aber ausreichend, um aus Ihrem Garten ein Vogelparadies zu machen, und nun wissen Sie auch, welche Vögel von welchen Bäumen und Sträuchern angelockt werden.

Der Stieglitz ist eine der wenigen Vogelarten, die die Nahrung gut mit dem Schnabel zu sich hinziehen können, um sie anschließend mit den Füßen festzuhalten.

Im Herbst treffen die Bergfinken aus Skandinavien ein. Meist werden zuerst die Buchenalleen auf Bucheckern hin inspiziert.

Bei einer Reihe von Bäumen und Sträuchern ist auch die Bodenbeschaffenheit wichtig und dabei vor allem, ob der Boden sehr kalkhaltig ist oder nicht, ob er trocken und sandig, moorig oder lehmig ist. Wenn man in dem Pflanzloch die Erde gut mit Gartenerde und/oder Dünger mischt, können viele dieser Bodenprobleme, zumindest in nicht allzu großen Gärten, leicht gelöst werden. Wenn Sie nicht so viele bodenverbessernde Arbeiten durchführen wollen, können Sie diesem Rat folgen: Auf leichtem Sandboden: Felsenbirne, Vogelkirsche, Birke, Eberesche, Faulbaum, Grau-Erle und Stiel-Eiche. Auf fruchtbarem Sandboden und Lehmboden: Stiel- Eiche, Kornelkirsche, Pfaffenhütchen, Schleh- und Weißdorn, Stechpalme, Gemeiner Schneeball, Feld-Ahorn, Hainbuche, Weide und Hasel. Auf nasserem Moorboden: Schwarz-Erle, Gagelstrauch, Holunder, Purgier-Kreuzdorn, Weißdorn, Esche und allerlei Weidenarten.

Aus Erlenzapfen und Birkenkätzchen pulen die Erlenzeisige den ganzen Winter durch ihre Lieblingssamen.

Du kannst der Natur dein Tempo nicht auferlegen; die Natur sagt dir, wie dein Tempo sein soll.

Marjolein Bastin

Heute Morgen begann der Frühling, als ich die Bachstelze wieder auf dem Dach meines Arbeitszimmers zwitschern hörte! Der Kalender denkt zwar anders darüber – aber ich habe mehr als einen Beweis: Der erste Zilp-Zalp ist zurück, denn ich habe ihn singen hören.

Marjolein Bastin

VÖGEL SCHAUEN UMS HAUS

Die meisten Gartenvögel sind deutlich weniger scheu als die Vögel auf dem freien Feld, aber bleiben doch immer auf der Hut, wenn man ihnen zu nahe kommt. Obwohl sie meist ausschließlich positive Erfahrungen mit Menschen in Dörfern und Städten haben, wo ja nicht gejagt werden darf, halten sie sich lieber ein wenig auf Abstand. Man weiß ja nie, warum soll man ein Risiko eingehen? Das bedeutet, dass wir uns möglichst unsichtbar machen sollten, wenn wir es spannend finden, Vögel aus der Nähe zu beobachten. Im Winter beim Füttern ist das einfach. Den Futterplatz mit Erdnussnetz und Meisenknödel legen Sie nah am Fenster an. Ein Stück Pappe mit Sehschlitzen oder eine dichte Gardine mit Ritzen und unser Versteck ist fertig. In Schulklassen werden manchmal die niedrigsten Fenster in der Klasse verblendet und davor der Futterplatz eingerichtet. Eine anschaulichere Biologiestunde ist kaum denkbar.

Vogelexperten haben das alles nicht nötig. Sie setzen ihr modernes Zoom-Teleskop auf ein Stativ und können so die Vögel von sehr Nahem betrachten, als ob sie sie in der Hand hätten.

Bauen Sie eine Schutzhütte an Ihren Teich

Ich habe selbst einmal eine Schutzhütte an den Gartenteich gebaut. Ich hatte sie halb in der Erde versteckt und auf dem Dach auch Erde verteilt. Sie sah aus wie ein kleiner Hügel im Garten, auf dem Steine lagen und Pflanzen wuchsen. Durch einen Sehschlitz spähte ich über das Wasser des Teiches, und wenn die Vögel ihr Bad nahmen, spritzen sie mir ins Gesicht. Über dem Sehschlitz war ein Vordach angebracht, sodass das Licht nicht auf mein Gesicht fiel. Um die klugen Dohlen, Eichelhäher und Elstern zu foppen, hatte ich außerdem ein Tarnnetz vor den Sehschlitz gehängt, durch das ich die Vögel sehen konnte, sie mich aber nicht. Manchmal ist viel weniger nötig, um unsichtbar zu sein. Sie können einen Futterplatz hinter dem Schuppen einrichten, ein paar Ritzen in die Rückwand machen und so auf wenige Dezimeter Abstand die Meisen, Amseln und Rotkehlchen bewundern.

Wasserralle packt Star

Aus kurzer Distanz Vögel zu betrachten, die sich unbeobachtet fühlen, führt manchmal zu spektakulären Beobachtungen. Ich baute einmal eine Schutzhütte im Garten und streute etwas Brot, Äpfel und Vogelsamen davor aus. Stare taten sich munter an den faulen Äpfeln gütlich, bis ich plötzlich sah, wie eine Wasserralle, ein kleiner Sumpfvogel, am Wasserrand zum Vorschein kam und sich auf einen Star stürzte. Der Star schrie Zeter und Mordio, aber es nützte nichts. Ein paar Hiebe auf seinen Schädel und die Wasserralle nahm ihre Beute mit in die Grünpflanzen und verschwand. Wenn Sie sehr großzügig mit Körnern umgehen, kommen auch Mäuse zu Ihrem Beobachtungsposten. Etwas Gartenbeleuchtung und vielleicht erleben Sie nachts, wie eine Eule so eine Maus überrumpeln kann, oder Sie machen andere spannende Beobachtungen. Vielleicht wohnt bei Ihnen in der Nachbarschaft ein Iltis oder ein Steinmarder. In Ihrem Garten geschieht viel mehr, als man bei oberflächlicher Betrachtung vom Küchentisch aus für möglich hält, und schnell sitzen Sie abends in Ihrer Schutzhütte und nicht mehr vor dem Fernseher.

WISSENSWERTES:
Es gibt neuerdings Schutzhütten aus Segeltuch, mit denen man sich fortbewegen kann, wenn man darin sitzt. Das muss für die Vögel ein lustiger Anblick sein – eine wandelnde Hütte.

Achten Sie bei dem Aufhängen der Meisenknödel auf den Stand der Sonne. Das Licht der niedrig stehenden Wintersonne kann stimmungsvolle Aufnahmen ermöglichen.

VÖGEL IN DEN NESTERN

Wenn Sie im Frühling auch das Privatleben der Vögel in den Nistkästen miterleben möchten, dann gibt es gute Möglichkeiten. Wirklich störend ist ein Blick in den Nistkasten, wenn die Vögel sich gerade niederlassen. Sie lassen das halb fertige Nest oder die Eier im Stich und Sie mit einem heftigen Schuldgefühl zurück. Sie können es besser anders angehen und dafür sorgen, dass Sie nicht auf die Vögel und ihr Nest zugehen müssen, sondern die Sache so gestalten, dass die Vögel zu ihnen kommen. Sie bauen einen dunklen Beobachtungsposten, eine Schutzhütte im Garten oder in der Ecke eines Schuppens. Anschließend bringen Sie einen Nistkasten mit einer Rückseite aus Glas an. Auf diese Rückseite richten Sie eine schwache Lampe und warten ab. Wenn der Vogel dann einzieht und nistet, müssen Sie in der Umgebung nichts mehr ändern. Sie setzen sich hinter die Lampe, sodass der Vogel Sie nicht sehen kann, Sie ihn aber wohl. Eventuell hängen Sie noch ein schwarzes Tuch mit Sehschlitzen zwischen sich und die Lampe, wodurch Sie noch besser getarnt sind. Sie müssen nicht befürchten zu stören, denn der Vogel hat schließlich freiwillig an diesem Ort sein Nest gebaut, den Sie ihm angeboten haben. Wichtig ist, dass Sie nichts in der Umgebung des Nestes verändern. Nur schauen und genießen: bei den Vögeln zu Hause.

WISSENSWERTES:

Früher legten Jäger im Wald unter Reisigbündeln und Stroh Getreide aus, um Mäuse anzulocken. Nachts schossen sie dann die Füchse, die auf die Mäuse losgingen.

In einem Kohlmeisennistkasten spielen sich ergreifende Szenen ab. Pro Tag finden mehr als 600 Fütterungen statt.

Wenn ein Beobachtungskasten im Winter gut eingerichtet wird, dann können Sie in der Brutsaison das Familienleben der Blaumeisen miterleben.

WISSENSWERTES:

Halten Sie sich von Waldkauznestern fern! Diese Vögel fallen Menschen an, wenn sie ihren Nestern zu nahe kommen. Ein solcher Angriff kostete in England einen Forscher ein Auge.

Erst inszenieren, dann fotografieren

Sie haben sie sicher schon einmal gesehen: haarscharfe Nahaufnahmen von Rauchschwalben, die dicht über das Wasser streifen. Das Geheimnis dieser Fotos ist, dass erst die Kamera installiert und scharf gestellt wird und danach der Vogel im richtigen Moment an der richtigen Stelle fliegt. In diesem Fall war ein Teil des Teiches, an den die Schwalben oft zum Trinken kamen, abgedeckt worden, sodass nur noch ein kleines Stück Wasser übrig blieb. Ein elektronisches Auge registrierte die vorbeifliegende Schwalbe und sorgte dafür, dass im richtigen Moment abgedrückt wurde. Die Idee, einfach mit Ihrer Spiegelreflexkamera in den Garten zu gehen und ein Weltklassefoto zu machen, ist von vornherein zum Scheitern verurteilt. Wegfliegende, argwöhnisch blickende Vögel geben keine spannenden Fotos her. Das Beste, was man versuchen kann, ist, die Sache umzudrehen und die Vögel so zu inszenieren, dass sie auf Sie zukommen und nicht umgekehrt. Ein Futterplatz ist ein guter Ort, an dem man von einem Versteck aus die Vögel fotografieren kann. Aber Sie müssen an der Umgebung etwas tun. Ein Rotkehlchen zwischen weißen Butterbroten und Essensresten macht sich nicht gut. Ein schöner bemooster Baumstumpf als einladender Landeplatz, auf den Sie die Kamera scharf stellen, bietet gute Chancen. Wenn sich auf so einem Ausguck eine Amsel, Meise oder Rotkehlchen niederlässt, landen Sie Ihren Coup. Sie können Ihrem Glück noch mehr nachhelfen, indem Sie außer Sichtweite etwas Fett oder Erdnussbutter auf den Stumpf schmieren, wodurch der Vogelbesuch zunimmt. Wenn die Vögel dann zwischen ein paar Happen um sich blicken, ist nicht zu sehen, dass sie sich dank Ihrer „heimlichen" Futteraktion vor der Linse niedergelassen haben.

Wenn Sie das Erdnussnetz an einen fotogenen Platz hängen, haben Sie bessere Chancen auf gute Vogelfotos.

Machen Sie einen Vogellockblock

Einen noch stärkeren Anreiz können Sie geben, indem Sie Mehlwürmer anbieten. Ab und zu streuen Sie einige am Futterplatz aus, sodass die Vögel daran gewöhnt sind. Anschließend nehmen Sie ein paar Strohhalme. Schneiden Sie sie ein wenig ein und klemmen Sie das Ende eines Mehlwurms darin ein. Sie schneiden die Strohhalme in einer Länge von etwa 4 cm ab und stecken sie in eine Scheibe Lehm - fertig ist Ihr „Vogellockblock". Sie entziehen ihn dem Blick mit einem schönen Strunk, einem dicken Ast oder ein paar frischen gelben Schlüsselblumen, einem Zweig mit Beeren - was Ihnen so einfällt. Die Mehlwürmer ähneln winkenden Fingern und sind unwiderstehlich. Wie von einem Magnet werden Rotkehlchen, Kohlmeisen und andere Gartenvögel in Ihre Dekoration gelockt und dort verewigt. Bei der Anlage Ihres Teiches habe ich schon vorgeschlagen, über den Platz nachzudenken, wohin der Kiesstrand für die Vögel soll. Am besten direkt vor Ihre Schutzhütte, die nach Norden ausgerichtet ist, damit Sie mit dem Licht schauen und fotografieren können. Wählen Sie einen sonnigen Ort, sodass ein Spritzbad sich in einem Super-Foto niederschlägt. Denken Sie nach, seien Sie schlauer als die Vögel, aber erwarten Sie nicht zu viel. Vögel im und am Nest zu fotografieren führt meist zu Enttäuschungen. Die Vögel verhalten sich ängstlich und überdreht, weil sie vor Ihnen Angst haben und ihr Nest nicht im Stich lassen wollen. Letzteres passiert übrigens schneller, als man denkt. Wenn Sie erst eine „unsichtbare" Aufstellung einrichten und dem Vogel einen attraktiven Nistplatz anbieten, dem er nicht widerstehen kann, ist Ihre Ausgangsposition viel günstiger. Am besten benutzen Sie eine Spiegelreflexkamera, weil Sie dabei durch die Linse schauen und genau sehen, was Sie fotografieren. Über die vielen Arten von Teleobjektiven kann ich Sie in diesem Buch nicht informieren. Es gibt allerdings immer mehr Möglichkeiten, ein Fernrohr als Teleobjektiv für die Kamera zu benutzen. Informieren Sie sich am besten im Fachhandel. Ich kann Ihnen nur ein wenig auf die Sprünge helfen, indem ich Ihnen zeige, dass Vögel zu fotografieren viel weniger mit Glück und Zufall zu tun hat, als Sie vielleicht bis vor Kurzem dachten.

Die lebhaften Zaunkönige lassen sich nicht so einfach in Szene setzen. Ein kahler Zweig, so angebracht, dass die Spitze die Sträucher einen halben Meter überragt, wird manchmal regelmäßig als Ort zum Singen benutzt und erhöht Ihre Chancen.

WISSENS-
wertes

Es ist so wunderschön still im Garten, Kontaktrufe der Meisen, Tautropfen, die auf dem Boden sanft aufschlagen, das Rascheln, wenn eine Maus schnell verschwindet. Sogar das Kleckern beim Futtern der Samenkörner kann man hören, wenn sie auf die trockenen Blätter fallen. Ruhe, Stille …

Marjolein Bastin

FINGER WEG VON MEINEM GOLDFISCH!

Plötzlich ließ sich am frühen Morgen ein großer blaugrauer Vogel in meinem Garten nieder. Vorsichtig ging der Fischreiher an der Wäschespinne vorbei, auf den Teich zu. Ein Teich voller Frösche, und gespannt wartete ich ab. Ein Ausfall, Wasserspritzen und ... Joris, unser einziger Goldfisch, zappelte im Reiherschnabel und verschwand in dessen Schlund. Gleichzeitig mit dem Reiher schluckte ich etwas, denn das war nicht der Sinn der Sache und mit gemischten Gefühlen sah ich den Vogel mit seinen großen Flügeln entschwinden. Dieses Erlebnis wird vielen Teich- und Goldfischliebhabern bekannt vorkommen. Es gibt unter den Fischreihern Individuen, die sich darauf spezialisiert haben und systematisch in allen Teichen der Gegend nachforschen, ob die Besitzer den Goldfischbestand inzwischen wieder aufgefüllt haben. Nun muss man zugeben, dass es natürlich auch sehr verführerisch ist. Sogar aus großer Höhe sind die orangefarbenen Flecke im Wasser deutlich zu erkennen. Die Teiche sind oft so klein, dass der Fisch zu keiner Seite entkommen kann und so einfach zu vertilgen ist wie für uns ein Hering an der Fischbude. Wenn Sie also auf jeden Fall Goldfische in einem kleinen flachen Teich halten wollen, denken Sie daran, dass man bei uns auch keine Bananen züchten kann. Nachtfrost und Fischreiher sind aus unserem Land nicht wegzudenken. Allerdings steigen die Überlebenschancen Ihrer Goldfische, wenn der Teich etwas größer ist, eine Tiefe von 1,5 bis 2 Metern hat und eine reiche Unterwasserpflanzenwelt birgt. Dann können die Fische fliehen und sie verschwinden zumindest nicht beim erstbesten Besuch im Reihermagen.

Einige Fischreiher sehen unsere Teiche mit dazugehörigen Goldfischen ausschließlich als eine speziell für sie bestimmte Futteraktion an.

WISSENSWERTES:
Nicht nur Privatpersonen haben manchmal mit Vögeln Probleme. Große Fischteiche sind inzwischen wieder in Äcker verwandelt worden, weil die gierigen Kormorane schlauer als ihre Jäger waren.

DRAHT ODER EIN „PFUND" GOLDFISCH

Schon das Anbringen von Maschendraht über Ihrem Teich ist wirkungsvoll, sieht aber ziemlich künstlich aus und für meine Begriffe ist die Arznei schlimmer als die Krankheit. Dicht am Rand zwei Drähte von 30 bzw. 60 cm Höhe bremsen den unerwünschten Besucher schon ziemlich ab, denn mitten im Teich landen Reiher nicht gerne. Aber schön ist das auch nicht, der ganze Draht im Garten. Eine hübsche Alternative ist es, Rotfedern und andere weniger auffällige Fische in Ihrem Teich schwimmen zu lassen. Von einem Plastikreiher, der in allen Gartenzentren zum Verkauf angeboten wird, rate ich Ihnen ab. Echte Reiher denken dann, es gäbe dort etwas zu fressen, und kommen angeflogen, was gerade nicht Sinn und Zweck ist. Etwas verhältnismäßig Neues ist der „Reiherschreck", ein auffallender Plastikgoldfisch, der mit einem kräftigen Nylonfaden an einem Stein auf dem Boden verankert werden muss, sodass er gerade eben unter der Wasseroberfläche schwimmt. Während der Fischreiher vergeblich versucht, diesen auffälligen Goldfisch als ersten zu verschlingen, werden die echten Goldfische gewarnt und fliehen zwischen das Laichkraut oder die Seerosenblätter. Überhaupt keine Fische im Teich sind natürlich auch eine Alternative. Das Wasser bleibt dann klarer und Salamander, Kröten und Frösche haben etwas größere Überlebenschancen. Übrigens gibt es durchaus Menschen, die Freude an Fischreihern haben. Ich kenne Leute, die es fantastisch finden, wenn ein Reiher in ihrem Garten landet, und ich verdächtige sie, dass sie ab und zu ein „Pfund" Goldfische kaufen und etwas ganz anderes im Sinn haben als der durchschnittliche Gartenliebhaber!

Wenn Fischreiher zwischen grünen Fröschen und orangefarbenen Goldfischen wählen können, entscheiden sie sich für Letztere.

ERDBEER-, BEEREN- UND PFLAUMENDIEBE

Rot ist eine Farbe, die für viele Vögel nur eine Sache bedeutet: Komm her und friss mich, denn ich bin sehr lecker! Scharenweise leisten Vögel dem Lockruf der Früchte Folge. Und es ist auch der Sinn all dieser Bäume und Sträucher, dass die Vögel ihre Früchte auffressen. Tatsächlich erweisen sie dem Produzenten dieser Leckereien einen wesentlichen Dienst, indem sie die Kerne in den Früchten durch ihren Kot nicht nur keimfähiger machen, sondern sie auch überall verbreiten. Grünlinge, Amseln, Stare, Singdrosseln – alle stürzen sich auf die roten Früchte. Solange es um Vogelbeeren oder Hagebutten geht, finden wir das in Ordnung, aber wenn sie sich an dem Obst vergreifen, das wir auch mögen, sind sie plötzlich schädlich, und wir werden aktiv. Nun müssen Sie von mir aus nicht Ihre ganze Erdbeer-, Johannisbeer- und Himbeerernte Ihren Gartenvögeln überlassen. Für die Vögel gibt es auch noch andere Nahrung. Grüne Erdbeeren oder Johannisbeeren zu ziehen wäre eine hübsche Lösung, aber auch wir lieben die kräftige rote Farbe. Sie reizt verschiedene Sinne, wodurch das Obst noch besser schmeckt.

WISSENSWERTES:
Wenn es den Kirschzüchtern gelänge, grüne Kirschen zu züchten, dann wäre ihr Starenproblem größtenteils gelöst, aber ...

Für die Amseln gibt es keinen Unterschied zwischen „ihren" Vogelbeeren und „unseren" Erdbeeren. Die rote Farbe bedeutet nur eins: Wir sind lecker!

Eine Vogelscheuche mit Sonnenenergie

Eine Vogelscheuche könnte eine Lösung sein, aber meistens stehen diese den ganzen Tag bewegungslos herum und die Vögel haben sich schnell an sie gewöhnt. Wir kennen alle die Zeichnungen von Vogelscheuchen mit einem Hut, in dem die Vögel furchtlos ein Nest gebaut hatten. Einmal sah ich eine Vogelscheuche, die auf einer alten Waschmaschine montiert war, die sich ständig drehte, und mit ihren schlaffen Armen konnte die Scheuche die Vögel vertreiben. In Amerika benutzen sie Vogelscheuchen, die mit Sonnenenergie betrieben werden und ab und zu, wie ein Schachtelmännchen, aufspringen und sich danach langsam wieder hinlegen. Ich arbeite am liebsten mit den bekannten Erdbeernetzen. Alles wird bis auf den Boden damit überdeckt. Auf den Rand lege ich einige Steine, sodass die Vögel nicht untendurch laufen können und sich selbst einschließen. Frisch eingesäte Gemüsebeete können mit im Wind flatternden, glitzernden Streifen Aluminiumfolie ziemlich frei von Dohlen und Elstern gehalten werden. Außerdem gibt es Bänder im Handel, die sich in gespanntem Zustand ständig drehen und glitzern. Nach ein paar Wochen, wenn die Saat gut gekeimt ist, ist die größte Gefahr vorüber. Falls Sie im Übrigen keinen Ärger mit Vögeln, sondern mit Schnecken haben, benutzen Sie kein Schneckengift. Singdrosseln sind verrückt nach diesen Tieren und die sterbenden Schnecken sind nicht nur eine leichte Beute, sondern auch eine Gefahr für die Gesundheit der Singdrosseln.

Die grünen Stachelbeeren brauchen Sie nicht zu beschützen. Die roten Beeren sind in größerer Gefahr.

SPIEGLEIN, SPIEGLEIN AN DER WAND ...

Ab und zu erreichen mich Berichte über Vögel, die in Hitchcock-artiger Weise versuchen, in Häuser einzudringen. Diverse Male pro Tag scheinen sie aus unerfindlichen Gründen quer durch die Fenster fliegen zu wollen und jeder Fehlschlag scheint für den folgenden Angriff als Ermutigung zu wirken. In Wirklichkeit sehen sie ihr eigenes Spiegelbild, glauben aber, es mit einem hartnäckigen Rivalen zu tun zu haben. Sie können in einer spiegelnden Scheibe, einer glitzernden Radkappe, einem Autospiegel, einem glänzenden Vorratstank, an den merkwürdigsten Orten einen vermeintlichen Rivalen auftauchen sehen. Es ist bemerkenswert, dass vor allem Bachstelzen Ärger mit „Spiegelrivalen" haben und dabei oft Autospiegel oder Radkappen als Kampfgebiet auswählen. Normalerweise reicht es aus, wenn man sich dem Gegner aggressiv nähert, woraufhin dieser macht, dass er wegkommt. Aber in diesen Fällen geschieht das Gegenteil: Der Eindringling greift aggressiv an und lässt sich nicht verjagen. Der Aufprall eines Amselmännchens, durch den Ihr Fenster manchmal bis hin zu Blutflecken beschmiert wird, ist keine angenehme Erfahrung. Meist spielen sich solche Szenen im Frühjahr ab, wenn der Drang, das Brutgebiet zu verteidigen, am größten ist. Es gibt verschiedene Lösungen für dieses Problem. Eine Plastiktüte über dem Spiegel eines geparkten Autos oder ein Stück Pappe vor der Radkappe behebt das Problem. Angriffe auf Fenster sind etwas schwieriger zu verhindern. Gardinen an der Innenseite helfen meist nicht, denn die Scheibe spiegelt sich weiter und der Rivale bleibt sichtbar. Sie können nicht Ihr ganzes Haus verblenden, aber hauchdünne durchsichtige Frischhaltefolie kann eine Lösung sein. An den regelmäßigen „Kampffenstern" befestigen Sie eine oder mehrere Lagen, wodurch die Spiegelung verschwindet, aber das Licht noch nach innen kommt. Nach ein paar Wochen hat die Amsel oder das Rotkehlchen den Ort vergessen und Sie können die Folie wieder entfernen.

Amseln und Meisen liefern sich zwar auch Spiegelkämpfe gegen sich selbst, aber die Bachstelze lässt sich besonders leicht durch Fenster und Radkappen irritieren.

WISSENSWERTES:
Einmal hörte ich ein merkwürdig tickendes Geräusch: Hinter einem Arbeitsschuppen lieferte sich eine Kohlmeise mit der anderen Kohlmeise in einem glänzenden Gastank ein langes und einsames Gefecht.

Das Rotkehlchen braucht keinen Spiegel, um in Wut zu geraten. Ein Knäuel orangefarbener Wolle reicht, um den vermeintlichen Rivalen anzugreifen.

PFLEGEELTERN SIND UNERWÜNSCHT

Im Mai und Juni werden Tausende junger Vögel flügge. Wir nennen es auch ausfliegen, aber oft sieht es mehr nach Herausfallen aus, denn so eine junge Amsel, die gerade aus dem Nest gekommen ist, sieht äußerst hilflos aus. Mit kurzem Stert, herunterhängenden Flügeln und ungeschickt hüpfend, versteckt sie sich in den Sträuchern, wo mindestens einmal pro Stunde die Nachbarkatze vorbeikommt. Die ersten Tage nach dem Verlassen des Nestes sind die gefährlichsten und die Hälfte aller Heranwachsenden überlebt die erste Woche nicht. Und doch rate ich Ihnen, jede Neigung, das „bedauerliche" Vögelchen in einen Käfig zu stecken und ihm Würmer zu füttern, zu unterdrücken. Die Amseleltern sind in der Nähe, lassen sich aber manchmal länger als eine Stunde nicht sehen oder hören und kommen dann doch wieder mit einem fetten Wurm zu ihrem Kind. Wenn sich der junge Vogel leicht fassen lässt, setzen Sie ihn möglichst hoch in die Sträucher. Da kann er ab und zu einen lauten Schrei von sich geben, in der Hoffnung, dass er dann gefüttert wird. Nur junge Vögel, die durch die harte Lehre der ersten Tage kommen, haben eine gute Überlebenschance, weil sie in kurzer Zeit viel gelernt haben.

WISSENSWERTES:
Bei manchen Vogelschutzorganisationen stehen Ende Mai die Telefone nicht still aufgrund der vielen Meldungen über verwaiste Vogelkinder.

Dicht ans Nest zu kommen, wenn die Jungen gerade flügge werden, ist keine gute Idee. Die Eltern schlagen dann Alarm und die Jungen fliegen womöglich ein paar Tage zu früh aus dem Nest. Das bedeutet, dass es noch mehr für die Katze gibt…

Halten Sie sich von Heranwachsenden fern

Wenn Sie ein Amselnest im Garten haben, halten Sie sich vor allen Dingen fern, wenn die Jungen flügge werden. Wenn Gefahr droht, stoßen die Eltern einen spitzen Alarmschrei aus, und dann kann es passieren, dass die Jungen das Nest panikartig ein oder zwei Tage zu früh verlassen. Zurücksetzen ist schwierig, denn, wenn Sie das eine in das Nest setzen, fliegt ein anderes sofort wieder heraus. Einen kranken und verwundeten Vogel setzen Sie am besten in einen dunklen Karton und bringen ihn in eine Vogelauffangstation. Verarzten Sie ihn nie selbst, denn für eine Vogelbehandlung braucht man spezielle Kenntnisse. Sie lassen sich Ihr gebrochenes Bein doch auch nicht vom gutwilligen Nachbarn eingipsen! Der Naturschutzbund, aber auch städtische Ämter und die örtliche Polizei weiß, wo sich diese Auffangstationen befinden.

WISSENSWERTES:
Kranke Vögel bringen Sie am besten in eine Auffangstation. Der Naturschutzbund weiß, wo sich solche Stationen befinden.

Da junge, gerade ausgeflogene Vögel nicht mehr so oft von den Eltern gefüttert werden, erwecken sie den Eindruck, als seien sie im Stich gelassen worden. Setzen Sie den Vogel an einen sicheren Ort in der direkten Umgebung, aber ziehen Sie ihn nicht selbst groß.

WARUM SINGEN VÖGEL?

Im Februar beginnt der Fink, zögernd zu singen, und die Heckenbraunelle tiriliert gemeinsam mit dem Baumläufer ihr Liedchen in die Welt. Im März hören wir die ersten Amseln, Singdrosseln und großen Drosseln. Kohl- und Blaumeisen gesellen sich zum Chor, und wenn im April der Zilpzalp, der Fitis und die Gartengrasmücke wiederkommen, kann man von einem ausgelassenen Vogelorchester sprechen. Warum das ganze Rufen und Singen? Raubvögel können so hören, wo man sitzt, ist es da nicht besser, den Schnabel zu halten? Singen ist für Vögel, vor allem für Männchen, lebenswichtig. Singend grenzen sie ein Wohngebiet ab, wo sie nisten und Nahrung finden können. Zu Beginn ist der Gesang vor allem bestimmt, um vorbeifliegende Damen zu verführen und aufdringliche Nachbarn fernzuhalten. In einem guten Nahrungsgebiet ist der Magen schnell gefüllt, und man hat viel Zeit übrig, um von sich hören zu lassen. Die Herren sind dabei oft so überdreht, dass sie ein Weibchen der eigenen Art anfänglich nicht erkennen und für ein Männchen halten, das sie verjagen wollen. Erfahrene Weibchen lassen sich nicht verjagen, verhalten sich demütig und geben genau die richtigen Signale, wodurch es mit der Liebe doch noch gut ausgeht. Wenn die Kämpfe und Paarbildung vorbei sind, wird der Gesang eine Art Erkennungszeichen und verstärkt die Bindung. Jeden Morgen hält man einen Appell ab und kontrolliert, ob der Nachbar noch da ist. Ist das nicht der Fall, weil beispielsweise der Waldkauz ihn von seinem Schlafplatz geholt hat, gibt es vielleicht ein neues Gebiet zu annektieren, eventuell mit einer anderen Frau.

Ein Star singt aus vollem Halse. Trällert und tiriliert, imitiert andere (Vogel-)Geräusche, klappert mit dem Schnabel und schlägt mit den Flügeln – Vogelsprache in Wort und Geste.

WISSENSWERTES:
Vögel singen, indem sie ihre Luftröhre verengen, vergleichbar mit dem Zusammenpressen und pfeifenden Leeren eines Luftballons.

Jede Vogelart singt ihr eigenes Lied und die Weidenmeise (unten) singt völlig anders als die Sumpfmeise, der sie wie ein Ei dem anderen gleicht.

Auch in der Lautstärke unterscheiden sich die Vogelarten. Nur wenn man sehr gut zuhört, hört man die Bachstelze singen.

Die Jahreszeit, in der die Vogelarten singen, unterscheidet sich auch. Diese Drossel singt schon im Winter. Außerdem gibt es eine Art Gesangswecker am Frühlingsmorgen. Amsel und Rotkehlchen singen sehr zeitig, wenn es zu dämmern beginnt, Finken werden später wach und Haussperlinge schlafen richtig aus!

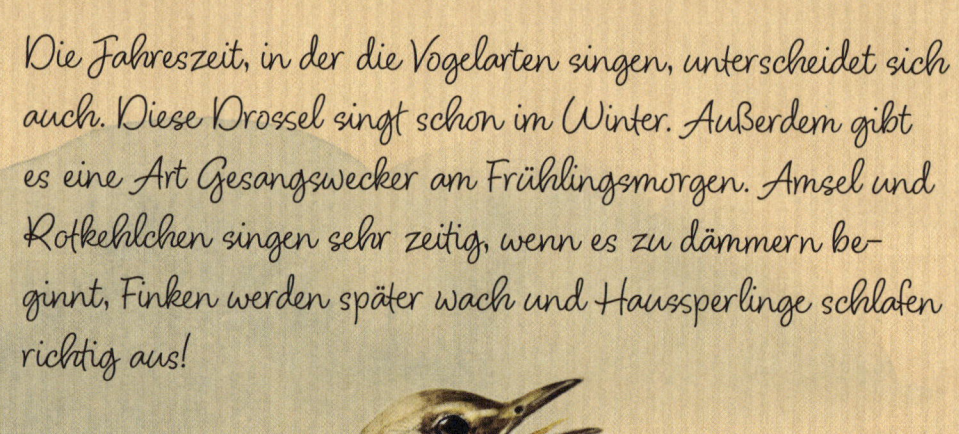

WISSENSWERTES:
Da die Luftröhre sich verzweigt, haben manche Vögel zwei Sangesorgane, und sie können gleichzeitig erste und zweite Stimme singen!

DIE VOGELSPRACHE HAT DIALEKTE

Vögel erkennen den Gesang der anderen. Für uns klingt es alles gleich, aber Studien haben gezeigt, dass ein Fink in Husum ganz anders singt als ein Fink in Bad Tölz. Neben den Dialekten gibt es auch individuelle Unterschiede. Es gibt also durchaus eine „Vogelsprache". Die Vogelwelt ähnelt der Welt des Showbusiness in vielerlei Hinsicht: Man muss gesehen und gehört werden, sonst zählt man nicht mehr viel. Wie gut, dass wir die Tür hinter uns schließen können, sonst müssten alle Männer jeden Tag aufs Neue mehrere Male im Vorgarten singen, um Hausbesetzer zu vertreiben. Die Lieder, die Vögel singen, sind übrigens nicht immer erblich bestimmt. Der eine Vogel kann besser imitieren und nachsingen als der andere. Gelbspötter, Singdrossel, Star und Amsel – sie alle begehen ein Plagiat und machen Brachvögel, Kiebitze und einander nach. Gesang und Verhalten unterscheiden sich stark von Art zu Art, um allerlei Kreuzungen zu vermeiden. Wenn man nicht die richtigen Signale in der richtigen Reihenfolge gibt, wird es nichts mit der Liebe. In einer Hinsicht kommunizieren die Arten, vor allem die kleinen Singvögel, aber gut miteinander, und zwar beim Warnen vor Gefahr. Wenn ein Sperber im Anflug ist und die Kohlmeise mit einem hohen Piepton Alarm schlägt, wissen die Finken, Amseln und Heckenbraunellen genau, was gemeint ist, und jeder flieht in den nächsten Strauch. Dabei sind die Alarmschreie so hoch und schwach, dass man nicht gut hört, woher sie kommen. Das ist sehr praktisch, denn sonst wüsste der Sperber, wo sich der alarmierende Vogel befindet. Stellen Sie einmal an einem schönen Frühlingsmorgen sonntags für fünf Uhr den Wecker. Es gibt dann praktisch keinen Verkehrslärm und überall, sogar mitten in der Stadt, singen die Vögel. In der Stadt, im Wald, auf der Heide und im Sumpf – lauschen Sie einmal und Sie werden Ihren Ohren nicht trauen.

LASSEN SIE IHR WASSER NICHT INS MEER FLIESSEN!

Man denkt eigentlich nie darüber nach, aber in dem Moment, in dem das Regenwasser in der Dachrinne landet oder in den Garten fällt, ist es Ihr persönliches Eigentum! Sie können damit machen, was Sie wollen! In vielen Fällen lassen wir all das kostbare, süße Regenwasser innerhalb weniger Tage durch die Dachrinnen, die Kanalisation, die Kanäle und Flüsse zurück ins Meer fließen.

Und wenn man bedenkt, dass dieses Wasser auch noch Geld wert ist! Wenn es einmal abgeflossen ist, können Sie es nicht mehr zum Gießen Ihrer Pflanzen verwenden und müssen dafür gereinigtes Trinkwasser zapfen, für das Sie auch noch bezahlen müssen! Darüber hinaus ist Wasser ein wesentlicher Bestandteil eines funktionierenden Vogelparadieses.

In den Abschnitten „Fressen und Trinken" können Sie nachlesen, warum Wasser das ganze Jahr über und jeden Tag für die Vögel so wichtig ist.

Deshalb liste ich hier eine Reihe von Tipps auf, die Sie leicht anwenden können, damit Ihr Wasser nicht ins Meer fließt!

Trennen Sie das Abflussrohr! Wenn Sie eine oder mehrere Regentonnen an den Ecken Ihres Hauses aufstellen, wo die Abflussrohre hinführen, und das Wasser in die Regentonne fließen lassen, haben Sie fast das ganze Jahr über genug Wasser für Ihre Pflanzen. Mit einem Reduzierstück im Fallrohr verhindern Sie, dass der Regenwassertank überläuft.

Ich selbst habe zuerst ein Loch gegraben, etwas Schutt hineingeschüttet und es dann mit Sand bedeckt. Auf diese Weise schaffen Sie einen Wasserpuffer unter dem Boden und das restliche Wasser kann ins Grundwasser sinken.

Anlegen einer Schotterrinne. Anstelle eines Abfallsammelplatzes unter der Regentonne können Sie auch eine Kiesrinne anlegen, die zu dem Teich hinunterführt, den Sie ohnehin anlegen wollten, um Ihr Vogelparadies zu vervollständigen. Wenn Sie zusätzliches Wasser in den Teich laufen lassen, müssen Sie ihn in trockenen Zeiten nicht so oft auffüllen, um die Verdunstung auszugleichen.

Pflasterung raus, Grünzeug rein! Wenn ein großer Teil Ihres Gartens gepflastert ist, empfehle ich, einen Teil der Fliesen durch Gras oder Pflanzen zu ersetzen.
So kann das Wasser im Boden versickern, was den Grundwasserspiegel erhöht und hilft, Trockenzeiten zu überbrücken.
Es gibt viele andere Möglichkeiten. Heutzutage gibt es Zäune mit Wasserspeichern, Versickerungskästen, die das Versickern von Regenwasser im Boden verlangsamen, Gründächer, die Wasser zurückhalten, und vieles mehr.